普通高等教育"十一五"国家级规划教材配套教材
高等学校计算机类"互联网+"规划教材

C 语言程序设计上机指导及习题选解

（第5版）
（新工科·案例版）

主　编　杨路明　胡　静
主　审　张荣国

本书资源使用说明

北京邮电大学出版社
·北京·

内 容 简 介

本书是与《C语言程序设计教程(新工科·案例版)》(第5版)一书配套使用的上机指导教材,内容包括C语言程序设计课程的典型实验,以及与《C语言程序设计教程(新工科·案例版)》(第5版)一书相配套的习题和习题解答。

本书的实验和开发示例都通过了验证,习题解答中的程序代码也均已上机验证通过。本书的实验和习题内容丰富,具有启发性、综合性,不仅紧密配合理论教学,而且具有实用价值。

本书是学习C语言和进行C语言上机实践的参考书,可作为高等院校计算机专业或其他专业的计算机程序设计教学用书,也可作为从事计算机应用研究工作的科技人员的参考书或培训教材。

图书在版编目(CIP)数据

C语言程序设计上机指导及习题选解 :新工科·案例版 / 杨路明,胡静主编. -- 5版. -- 北京 :北京邮电大学出版社,2024.5

ISBN 978-7-5635-7146-8

Ⅰ.①C… Ⅱ.①杨… ②胡… Ⅲ.①C语言—程序设计—自学参考资料 Ⅳ.①TP312.8

中国国家版本馆CIP数据核字(2023)第248909号

策划编辑:黄艳辉 **责任编辑**:宋俊娥 **封面设计**:广信达雅

出版发行:北京邮电大学出版社

社　　址:北京市海淀区西土城路10号(100876)

电话传真:010-82333010 62282185(发行部) 010-82333009 62283578(传真)

网　　址:www.buptpress3.com

电子信箱:buptpress3@163.com

经　　销:各地新华书店

印　　刷:三河市骏杰印刷有限公司

开　　本:787 mm×1 092 mm 1/16

印　　张:8.25

字　　数:208千字

版　　次:2004年2月第1版 2024年5月第5版

印　　次:2024年5月第1次印刷

ISBN 978-7-5635-7146-8 定价:32.80元

前　　言

计算机科学是一门实践性较强的学科，其实践环节的教学、训练特别重要，其中程序设计课程尤为突出。为了满足学习《C语言程序设计教程(新工科・案例版)》(第5版)的需要，我们专门组织实验教学经验丰富的教师编写了本书。本书内容紧扣C语言程序设计的相关知识点，示例丰富，实用性强。

党的二十大报告提出“深入实施科教兴国战略、人才强国战略、创新驱动发展战略”。教材是人才培养的重要支撑，也是引领创新发展的重要基础。为了加快实现高水平科技自立自强，更好地培养拔尖创新人才，编者对本教材进行了修订和完善，使教材内容与时代发展的要求同步。

本书介绍在集成开发环境 Visual Studio 2010 下C语言程序的开发方法。本书内容分为3个部分：第1部分是有关C语言程序开发环境及上机实验的内容，具体包括11个实验，每个实验对应主教材的一个重要知识点，以帮助读者通过上机实践领会主教材中的内容；第2部分和第3部分分别是与《C语言程序设计教程(新工科・案例版)》(第5版)一书相配套的习题和习题解答，其中第3部分以电子版的形式展示，以帮助读者掌握教材中的知识点。

本书由杨路明、胡静组织编写、统稿并担任主编，由张荣国担任主审。参与本书编写工作的还有张睿、赵红燕、李晓波、王芳、仇建平、范文婷、胡春霞、王建丽。另外，马双武、向蕾构思并设计了本书在线课程教学资源的结构与配置，赵梅、苏国强编辑了教学资源的内容，高展参与了微课的录制及后期处理，苏文刚审查了本书配套在线课程的教学资源，王奥提供了版式和装帧设计方案。在此一并感谢。

由于编者水平有限，书中难免存在疏漏与不妥之处，敬请读者批评指正。

编　者

目　录

第 1 部分

C 语言上机实验

实验 1 C 语言基础知识

一、实验目的及要求

1. 熟悉 Visual Studio 2010(以下简称 VS 2010)集成开发环境的使用方法。
2. 了解在开发环境中编辑、编译、链接和运行 C 程序的过程。
3. 掌握 C 语言数据类型的概念，熟悉常量的表示方法、变量的定义及其使用规则。
4. 掌握 C 语言的各种运算符的运算规则和表达式的书写方法。
5. 掌握不同类型的数据进行运算时数据类型的转换规则。

二、实验内容及步骤

1. 输入下列程序，练习在 VS 2010 环境下编辑、编译和运行 C 程序。

```
#include <stdio.h>
void main()
{
   printf("This is the first C program.\n");
}
```

操作步骤：

(1)单击“开始”按钮，在打开的菜单中单击“Microsoft Visual Studio 2010”文件夹，在打开的下拉菜单中选择“Microsoft Visual Studio 2010”命令，以启动 VS 2010 环境。在“起始页-Microsoft Visual Studio”窗口中单击“新建项目”按钮，弹出“新建项目”对话框，在“已安装的模板”窗格中选择“Visual C++”，在中间窗格中选择“Win32 控制台应用程序”选项，在“名称”文本框中输入“ex1_1”，如图 1.1 所示。

(2)单击“确定”按钮，弹出“Win32 应用程序向导-ex1_1”对话框，如图 1.2 所示。

(3)单击“下一步”按钮，进行应用程序设置。在“应用程序类型”选项区域中选中“控制台应用程序”单选按钮；在“附加选项”选项区域中勾选“空项目”复选框，如图 1.3 所示。

(4)单击“完成”按钮，弹出如图 1.4 所示的“ex1_1-Microsoft Visual Studio”窗口，说明 ex1_1 项目创建成功。

图 1.1 “新建项目”对话框

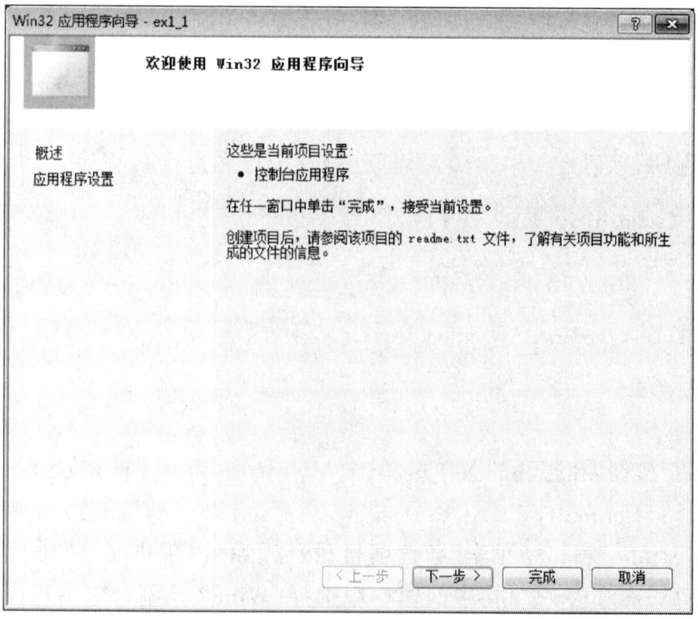

图 1.2 “Win32 应用程序向导-ex1_1”对话框

(5)在“解决方案资源管理器”窗口中，右击“源文件”文件夹，弹出快捷菜单，如图 1.5 所示，选择“添加”→“新建项”命令，弹出如图 1.6 所示的“添加新项-ex1_1”对话框。

(6)在“已安装的模板”窗格中选择“Visual C++”，在中间窗格中选择“C++文件(.cpp)”选项，在“名称”文本框中输入源程序文件名“ex1_1”。

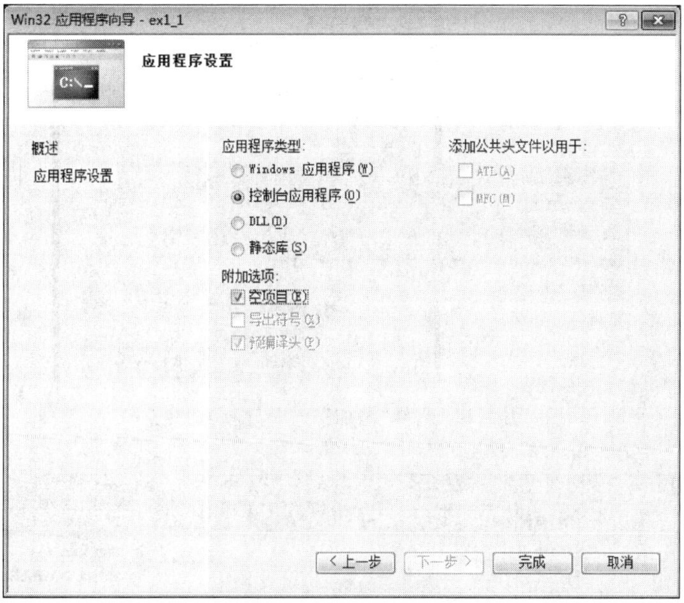

图 1.3 “应用程序设置”对话框

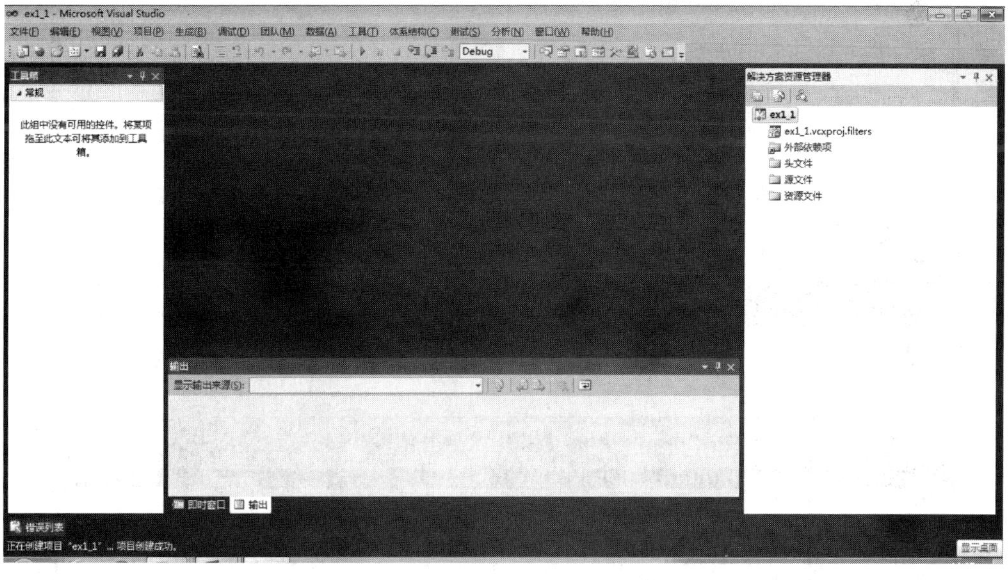

图 1.4 ex1_1 项目创建成功

(7)单击“添加”按钮,在打开的源程序文件编辑窗口中进行编辑,如图 1.7 所示。仔细检查输入的语句有无错误,若有错误,则将光标移至要修改处,对内容进行修改。

(8)如图 1.7 所示,确认输入的语句无错误后,选择“调试”→“开始执行(不调试)”命令(或按 Ctrl+F5 组合键),弹出如图 1.8 所示的“Microsoft Visual Studio”对话框,单击“是”按钮,若程序正确,则显示运行结果窗口,如图 1.9 所示。

注意:图 1.7 的下侧为编译、链接完成后的输出窗口。当编译或链接过程中出现错误时,会在输出窗口显示错误提示信息,用户可根据错误提示信息对源程序进行修改,直至程序没有错误为止。

图 1.5　选择"添加"→"新建项"命令

图 1.6　"添加新项-ex1_1"对话框

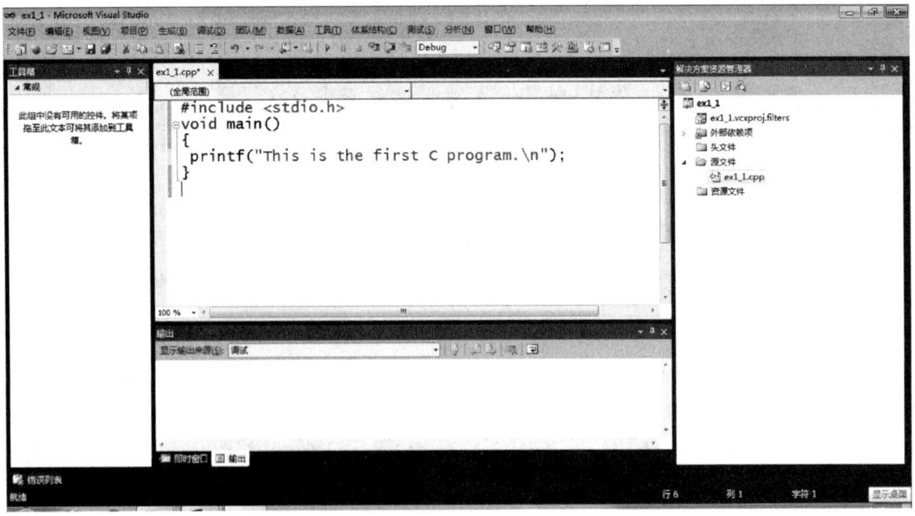

图 1.7　编辑 C 语言源程序

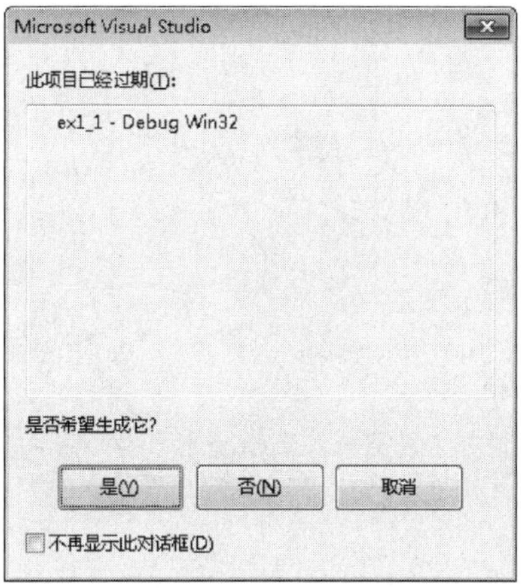

图 1.8 “Microsoft Visual Studio”对话框

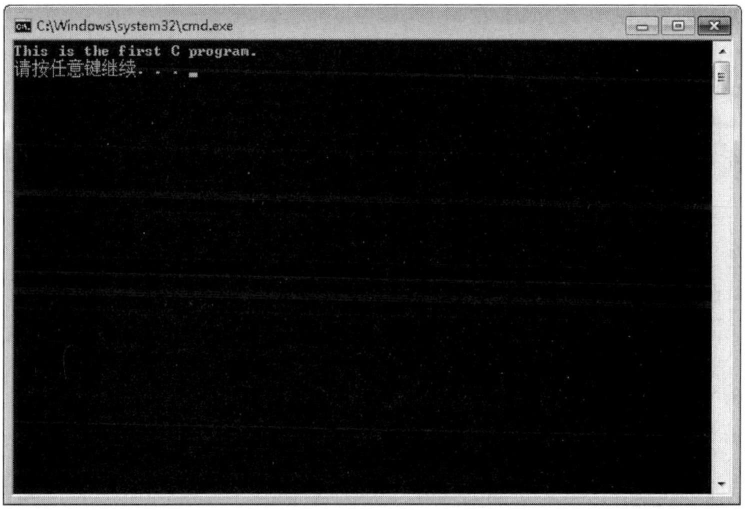

图 1.9 运行结果窗口

2. 分析以下程序,预测其运行结果,并上机检验预测结果。

```
#include <stdio.h>
void main()
{
  printf("*\n");
  printf("* * *\n");
  printf("* * * * *\n");
  printf("* * * * * * *\n");
}
```

3. 输入并运行以下程序。

```
#include <stdio.h>
void main()
{
```

```
    char c1,c2;
    c1=97,c2=98;
    printf("%c%c\n",c1,c2);
}
```

将程序的第4行修改为

```
int c1,c2;
```

然后比较修改前后的运行结果。

4. 有以下程序：

```
#include <stdio.h>
void main()
{
    int a,b,c,d;
    unsigned u,v;
    a=1,b=3,c=6,d=-7;
    u=a+b;
    v=c+d;
    printf("u=%d,v=%u\n",u,v);
}
```

比较运行后的变量u和v。

5. 有以下程序：

(1)

```
#include <stdio.h>
void main()
{
    int a=4,b=7;
    printf("%d\n",(a=a+1,b+a,b+1));
}
```

其输出为________。

(2)

```
#include <stdio.h>
void main()
{
    int a=4,b=7;
    printf("%d\n",a=a+1,b+a,b+1);
}
```

其输出为________。

6. 有以下程序，运行后变量a的值是________。

```
#include <stdio.h>
void main()
```

```
{
  int a=10;
  a+=a-=a*a;
  printf("a=%d\n",a);
}
```

若将程序的第 5 行修改为

```
a+=a-=a*=a;
```

则运行结果是________。

7. 有以下程序:

```
#include <stdio.h>
void main()
{
  int x,y,z,t;
  x=y=z=1;
  t=++x||++y&&++z;
  printf("x=%dy=%dz=%dt=%d\n",x,y,z,t);
}
```

程序运行后,变量 x、y、z、t 的值分别为________。

若将程序的第 6 行修改为

```
t=--x||--y&&--z;
```

则程序运行后,变量 x、y、z、t 的结果分别为________。

8. 以下程序的输出为________。

```
#include <stdio.h>
void main()
{
  int m=7,n=4;
  float a=38.4,b=6.4,x;
  x=m/2+n*a/b+1/2;
  printf("%f\n",x);
}
```

A. 27.000000　　B. 27.500000　　C. 28.000000　　D. 28.500000

实验 2 顺序结构程序设计

一、实验目的及要求

1. 熟悉 C 语言的表达式语句、空语句和复合语句。
2. 熟悉函数调用语句,尤其是各个输入、输出函数的调用语句。
3. 熟悉顺序结构程序中语句的执行过程。

4. 能设计简单的顺序结构程序。

二、实验内容及步骤

1. 下面是一个加法程序，程序运行时等待用户从键盘输入两个整数，然后求出它们的和并输出。预测运行结果，并上机验证该程序。

```
#include <stdio.h>
void main()
{
  int a,b,c;
  printf("Please input a,b:");
  scanf("%d,%d",&a,&b);
  c=a+b;
  printf("%d+%d=%d\n",a,b,c);
}
```

2. 下面的程序用来求 3 个数的平均值，上机验证该程序。

```
#include <stdio.h>
void main()
{
  float a,b,c,average;
  printf("Please input a b c:");
  scanf("%f%f%f",&a,&b,&c);
  average=(a+b+c)/3;
  printf("The average value is:%f\n",average);
}
```

3. 有以下程序，写出程序的运行结果。

```
#include <stdio.h>
void main()
{
  int a=10,x=5,y=6;
  a+=a*=6;
  x=y++;
  y=++x;
  a=x+++y;
  printf("%d,%d,%d\n",a,x,y);
}
```

4. 有以下程序，对照输出格式符，分析程序的运行结果。

```
#include <stdio.h>
void main()
{
  int a=5,b=7;
```

```
    float x=67.8564,y=-789.124;
    char c='A';
    printf("%3d%3d\n",a,b);
    printf("%10f,%-10f\n",x,y);
    printf("%8.2f,%4f,%e,%10.2e\n",x,y,x,y);
    printf("%c,%d,%o,%x\n",c,c,c,c);
}
```

5. 改正以下程序的错误。

(1)

```
#include <math.h>
#define pi 3.1415926
void main()
{
    long d;
    double x;
    scanf("%d",d);
    x=1.0/2 * SIN(d * pi/180.0);
    printf("x=%f\n",x);
}
```

(2)程序的功能是输入一个华氏温度，将其转换成对应的摄氏温度。例如，输入华氏温度 98.6，输出相应的摄氏温度 37.0。

```
#include <stdio.h>
void main()
{
    double F,c;
    scanf("%f",&F);
    c=5/9(F-32);
    printf("F=%2.2lf\nc=%2.2lf\n",F,C);
}
```

(3)

```
#include <stdio.h>
#define PRICE 30
void main()
{
    int x=5;
    PRICE=PRICE * x;
    printf("%d%d",x,PRICE);
}
```

6. 补充程序，以实现将两个数对调的操作，如输入 a=10，b=20，则输出为 a=20，b=10。

```
#include <stdio.h>
void main()
{
  int a,b,t;
  scanf("%d%d",&a,&b);
  printf("a=%db=%d\n",a,b);
  t=________;a=________;b=________;
  printf("a=%db=%d\n",a,b);
}
```

7. 编写程序。

(1)求 $y=\sin(\sqrt{ax})+\ln(a+x)$ 的值，要求从键盘输入 a 和 x。当 $a=6.4, x=3.4$ 时，求 y 的值。

(2)求 $y=\cos(\sqrt{a+x})+e^{ax}$ 的值，要求从键盘输入 a 和 x。当 $a=4.3, x=2.4$ 时，求 y 的值。

(3)已知 $a=3.5, b=5.4, c=4.3$，求以 a、b、c 为边长的三角形的面积 area。

提示：area $=\sqrt{s(s-a)(s-b)(s-c)}$，其中 $s=\frac{a+b+c}{2}$。

(4)给定 0～255 内的任意整数，将这个整数以整型数据和字符型数据两种形式输出。

(5)给定变量 i、j 的初值，对变量 i 和 j 分别进行自加和自减运算并将结果赋值给变量 m 和 n，输出 m 和 n 的值。

实验 3 选择结构程序设计

一、实验目的及要求

1. 理解 C 语言表示逻辑量的方法。
2. 学会正确使用逻辑运算符和逻辑表达式、关系运算符和关系表达式。
3. 掌握使用逻辑表达式或关系表达式等表达条件。
4. 熟练掌握 if 语句和 switch 语句。
5. 熟悉选择结构程序段中语句的执行过程。

二、实验内容及步骤

1. 分析以下程序，理解条件表达式中"真"与"假"的含义。

(1)

```
#include <stdio.h>
void main()
{
  if(5)
    printf("%d is true\n",5);
```

```
    else
      printf("%d is false\n",5);
}
```

(2)

```
#include <stdio.h>
void main()
{
  int a=5;
  if (a==6)
    printf("=\n");
  else
    printf("!=\n");
}
```

2. 以下程序实现：

(1)当 $a=0$ 并且 $b=0$ 时，输出“error”；

(2)当 $a=0$ 并且 $b!=0$ 时，什么也不做；

(3)当 $a!=0$ 时，进行自增运算。

分析以下程序中的 if…else 语句能否实现该程序的功能。若不能实现，则改正程序。

```
#include <stdio.h>
void main()
{
  if (a==0)
    if(b==0)
      printf("error\n");
    else a++;
}
```

3. 有以下程序，写出程序的运行结果。

```
#include <stdio.h>
void main()
{
  int a=5,b=4,c=3,d=2;
  if (a>b>c)
    printf("%d\n",d);
  else if((c-1>=d)==1)
    printf("%d\n",d+1);
  else
    printf("%d\n",d+2);
}
```

4. 有以下程序，写出程序的运行结果。

```
#include <stdio.h>
void main()
```

```
{
  int x=1,a=0,b=0;
  switch(x)
  {
    case 1: a++;
    case 2: a++;b++;
  }
  printf("a=%d,b=%d\n",a,b);
}
```

5. 有以下程序，写出程序的运行结果。

```
#include <stdio.h>
void main()
{
  char a='z';
  int c=5;
  switch(a++)
  {
    case 'z':c++;
    case 'x':c+=20;break;
    case 'y':c-=15;
  }
  printf("%d\n",c);
}
```

6. 有以下程序：

```
#include <stdio.h>
void main()
{
  int i;
  scanf("%d",&i);
  switch(i)
  {
    case 1:
    case 2: putchar('i');
    case 3: printf("%d\n",i); break;
    default: printf("OK!\n");
  }
}
```

运行时，分别输入 1、2、3、4、8，分析程序的运行结果。

7. 下面的程序要求用户从键盘输入一个年号，然后由程序判定其是不是闰年。

```
#include <stdio.h>
void main()
```

```
{
  int year,r4,r100,r400;
  printf("输入一个年份:\n");
  scanf("%d",&year);
  r4=year%4;
  r100=year%100;
  r400=year%400;
  if ((r4==0&&r100!=0) || r400==0)
    printf("%d 是闰年\n",year);
  else
    printf("%d 不是闰年\n",year);
}
```

运行时,分别输入年号 1955、2000、1800、2010,确定其是不是闰年。

8. 以下程序用于判断用户输入的数是奇数还是偶数,并输出相应的信息,完成该程序。

```
#include <stdio.h>
void main()
{
  int t,r;
  printf("输入数据:\n");
  scanf("%d",________);
  r=t%2;
  if (________)
    printf("偶数\n");
  else
    printf("奇数\n");
}
```

9. 完成以下程序,以实现将输入的 3 个整数按由大到小的顺序输出。

```
#include <stdio.h>
void main()
{
  int a,b,c,t;
  scanf("%d,%d,%d",&a,&b,&c);
  if ( a<b )
    { t=a;a=b;b=t;}
  if (________)
    { t=a;a=c;c=t;}
  if ( b<c )
    {________}
  printf("%d,%d,%d",a,b,c);
}
```

10. 完成以下程序，根据用户输入的月份，输出该月份所属的季节。

```
#include <stdio.h>
int main() {
  int month;
  printf("请输入月份:");
  scanf("%d",&month);
  ________(month) {
    case 1:
    case 2:
    case 12:
      printf("该月份属于冬季\n");
      break;
    case 3:
    case 4:
    case 5:
      printf("该月份属于春季\n");
      break;
    case 6:
    case 7:
    case 8:
      printf("该月份属于夏季\n");
      break;
    case 9:
    case 10:
    case 11:
      printf("该月份属于秋季\n");
      break;
    ________:
      printf("输入有误,请输入数字 1-12\n");
      break;
    }
    return 0;
  }
}
```

11. 编写程序。

(1)有以下函数：

$$y=\begin{cases}x, & x<1\\ 3-x/5, & 1\leqslant x<10\\ 3x-11, & x\geqslant 10\end{cases}$$

当 $x=0.5$、$x=5$、$x=50$ 时，分别求 y 的值。

(2)输入 3 个实数，判断能否以它们为边长构成三角形。若能，则计算三角形的面积，否则输出提示信息。

(3)输入年、月、日,计算该日是该年的第几天。

(4)求解一元二次方程 $ax^2+bx+c=0$ 的根,a、b、c 的值从键盘输入(考虑解的各种情况)。

(5)一个 3 位数,如果它的各位数字的立方和等于该数本身,则称其为水仙花数,如 $153=1^3+5^3+3^3$。编写程序,判断从键盘输入的数是不是水仙花数。

(6)设计一个电费计算器,根据用户输入的用电量,计算并显示相应的电费。

电费的计算规则如下:用电量在 0~100 kW·h 之间,单价为 0.5 元/(kW·h);用电量在 101~200 kW·h 之间,单价为 0.8 元/(kW·h);用电量在 201 kW·h 及以上,单价为 1.0 元/(kW·h)。

实验 4 循环结构程序设计

一、实验目的及要求

1. 掌握用 while 语句、do…while 语句和 for 语句实现循环结构的方法。
2. 掌握在程序设计中用循环结构实现各种算法(如穷举法、迭代法、递推法等)。
3. 理解循环结构程序段中语句的执行过程。
4. 了解程序的跟踪调试技术。

二、实验内容及步骤

1. 有以下程序,写出程序的运行结果,并分析其实现的功能。

```
#include <stdio.h>
void main()
{
  int i=1,sum=0;
  while(i<10)
  {
    sum+=i;
    i=i+2;
  }
  printf("%d\n",sum);
}
```

2. 分析以下程序的运行结果,并分析原因。

```
#include <stdio.h>
void main()
{
  int i=1;
  while (i=2)
  {
    i++;
```

```
    }
    printf("%d",i++);
}
```

3. 比较以下两个程序，得出各自的运行结果并分析原因。

程序一：

```
#include <stdio.h>
void main()
{
    int a=0;
    while (a<0)
    {
        a++;
    }
    printf("%d",a);
}
```

程序二：

```
#include <stdio.h>
void main()
{
    int a=0;
    do
    {
        a++;
    }while(a<0);
    printf("%d",a);
}
```

4. 写出以下程序的运行结果及循环次数。

```
#include <stdio.h>
void main()
{
    int a=5,y=0;
    do
    {
        a+=2,y+=a;
        printf("a=%d y=%d\n",a,y);
        if (y>10) break;
    }while (a==7);
}
```

5. 阅读以下程序，预测其运行结果，并上机验证。

```
#include <stdio.h>
#define A 100
void main()
{
    int i=0,sum=0;
    do
    {
        if (i==(i/5)*5)
            continue;
        sum+=i;
    }while (++i<A);
    printf("%d\n",sum);
}
```

6. 分析以下程序的运行结果为什么不是 6。

```
#include <stdio.h>
void main()
{
  int i,s;
  for (i=1;i<=3;i++)
    s+=i;
  printf("%d\n",s);
}
```

7. 分析以下程序运行后变量 i 的值。

```
#include <stdio.h>
void main()
{
  int i,s=0;
  for (i=1;i<=100;i++)
  {
    s+=i;
    if (s==55)
    break;
  }
  printf("%d\n",i);
}
```

8. 写出以下程序的运行结果。

```
#include <stdio.h>
#include <math.h>
void main()
{
  int i,n;
  for (i=2;i<=20;i++)
  {
    for(n=2;n<=(int)(sqrt((double)i));n++)
      if(i%n==0) break;
    if (n==(int)(sqrt((double)i))+1)
      printf("%d,",i);
  }
}
```

9. 以下程序的运行结果为________。

```
#include <stdio.h>
void main()
{
  int i;
```

```
    char c;
    for (i=0; i<=5;i++)
    {
      c=getchar( );
      putchar(c);
    }
}
```

程序运行时输入以下数据(<CR>代表按 Enter 键):

```
u<CR>
w<CR>
xsta<CR>
```

A. uwxsta

B. u
u
w
w
xsta
xs

C. u
w
xs

D. u
w
xsta

10. 以下程序的运行结果为________。

```
#include <stdio.h>
void main()
{
  int i,j,x=0;
  for (i=0;i<2;i++)
  {
    x++;
    for (j=0;j<3;j++)
    {
      if(j%2)   continue;
      x++;
    }
    x++;
  }
  printf ("x= %d\n",x);
}
```

A. x=4　　B. x=8　　C. x=6　　D. x=12

11. 以下程序的运行结果为________。

```
#include <stdio.h>
void main()
{
  int i,j,k=0,m=0;
  for (i=0;i<2;i++)
  {
```

```
        for (j=0;j<3;j++) k++;
        k-=j;
    }
    m=i+j;
    printf ("k=%d,m=%d\n",k,m);
}
```

A. k=0,m=3　　B. k=0,m=5　　C. k=1,m=3　　D. k=1,m=5

注意:要清楚退出 for 循环后循环变量的取值。

12. 以下程序的功能为求出 100 以内的整数中可被 13 整除的最大数,完成该程序。

```
#include <stdio.h>
void main()
{
    int i;
    for (i=________; ________;i--)
        if (i%13==0) break;
    printf("%d\n",i);
}
```

13. 编写程序。

(1) 求 $\sum_{k=1}^{100} k + \sum_{k=1}^{50} k^2$。

(2)实现对任意一个正整数按从低位到高位输出(反序输出)。例如,输入 123,则输出 321。

(3)求区间[100,999]中所有的水仙花数。

(4)用 for 循环求 10~200 之间的全部素数并输出,要求每行输出 10 个数字。

(5)求 3~100 之间的所有素数之和。

(6)求一个三位数中每位的数字,并输出。

(7)输入两个正整数,求这两个正整数的最大公约数和最小公倍数,并输出。

(8)输出以下三角形图案。

```
      *
    * * *
  * * * * *
* * * * * * *
```

(9)求区间[1,100]中有奇数个不同因子的整数共有多少个,显示其中最大的一个。

(10)除了自身以外的所有因子之和等于它本身的数为完数,如 28 除自身以外的因子是 1、2、4、7、14,且 1+2+4+7+14=28,则 28 是完数。求区间[2,1 000]中的完数。

(11)设 $s=1+\frac{1}{2}+\frac{1}{3}+\cdots+\frac{1}{n}$,求与 8 最接近的 s 值及与之对应的 n 值。

(12)百马百担问题。有 100 匹马,驮 100 担货,大马驮 3 担,中马驮 2 担,2 匹小马驮 1 担,计算共有多少种驮法。

14. 银行利率计算器。编写一个程序,根据用户输入的存款金额和存款期限,计算并显示最终的本息总额。

利率按照以下方式计算：存款金额在10 000元以下的，利率为2%；存款金额在10 000元及以上的，利率为3%。

15. 火车票预订系统。编写一个程序，要求用户选择出发地和目的地(如北京、上海、广州等)，根据用户的选择进一步显示可供选择的列车班次和票价，最后输出用户选择的列车班次和票价信息。

实验5 函数和编译预处理

一、实验目的及要求

1. 掌握函数定义的方法。
2. 掌握函数实参与形参的对应关系及值传递方式。
3. 了解函数的嵌套调用和递归调用。
4. 掌握全局变量、局部变量、动态变量和静态变量的概念及使用方法。
5. 理解宏的概念，掌握宏定义。
6. 了解文件包含的概念，并掌握其用法。

二、实验内容及步骤

1. 预测以下程序的输出结果，然后上机验证。

(1)

```
#include <stdio.h>
int fun(int a,int b)
{
  int c;
  c=a+b;
  return c;
}
void main()
{
  int x=6,y=7,z=8,r;
  r=fun(x+y,z--);
  printf ("%d\n",r);
}
```

(2)

```
#include <stdio.h>
int f(int n)
{
  int k=1;
  do
```

```
    {
        k * =n%10;
        n/=10;
    }while(n);
    return k;
}
void main()
{
    int n=26;
    printf("%d\n",f(n));
}
```

(3)

```
#include <stdio.h>
static int x=20;
void f1(int x)
{
    x+=10;
    printf ("%d…f1( )\n",x);
}
void f2( )
{
    x+=10;
    printf ("%d…f2( )\n",x);
}
void main( )
{
    int x=10;
    f1(x);
    f2( );
    printf ("%d…main( )\n",x);
}
```

注意:要清楚 3 个函数中变量 x 的值的变化情况。

(4)

```
#include <stdio.h>
void main( )
{
    int p(int x,int n);
    int x=2,n=4;
    printf("p=%d\n",p(x,n));
}
int p(int x,int n)
{
```

```
    int i,f=1;
    for(i=1;i<=n;i++) f=f*x;
    return f;
}
```

写出程序的运行结果,分析函数 p()所实现的功能。注意 main()函数体中第 1 条语句的作用,以及函数调用过程中实参与形参的关系。

(5)

```
#include <stdio.h>
void f(int j);
void main( )
{
    int i;
    for ( i=1;i<4;i++)
        f(i);
}
void f(int j)
{
    static int a=10;
    int b=1;
    b++;
    printf ("%d+%d+%d=%d\n",a,b,j,a+b+j);
    a+=10;
}
```

分析程序第 2 行语句的作用。注意程序运行中变量 a 的变化。

(6)

```
#include <stdio.h>
int f(int n)
{
    if (n==1||n==2)
        return 1;
    else
        return f(n-1)+f(n-2);
}
void main( )
{
    printf("%d+%d=%d\n",f(4),f(5),f(6));
}
```

(7)假设已有“#define M(r) r*r”,调用以下语句:

```
printf("%d",M(2+3));
```

写出输出结果。

2.程序填空。

(1)以下程序实现重复输入 x 和 y 的值,输出 x 和 y 的乘积,并以输入 0 结束程序。

```
#include <stdio.h>
int mul(int a,int b);
void main( )
{
  int x,y,z;
  printf("输入 x,y:");
  scanf("%d,%d",&x,&y);
  while(x!=0)
  {
    z=mul(x,y);
    printf("%d*%d=%d\n",x,y,z);
    ________;
  }
}
int mul(int a,int b)
{
  ________;
  c=a*b;
  ________;
}
```

(2)以下程序实现 $\sum_{n=1}^{10} n!$,函数 long m(int k)用于求 $k!$。

```
#include <stdio.h>
________;
void main( )
{
  long s=0,i;
  for(i=1;i<11;i++)
    s=s+m(i);
  printf("%ld\n",s);
}
long m(int k)
{
  long t=1,j;
  for(j=1;j<=k;j++)
    ________;
  return ________;
}
```

(3)以下程序调用宏 EX(x,y),实现交换 x 值与 y 值。完成宏定义。

```
#include <stdio.h>
```

```
#define EX(a,b) a=a+b,________;
void main( )
{
  int x=5,y=9;
  EX(x,y);
  printf("x=%d,y=%d\n",x,y);
}
```

3. 编写程序。

(1)定义函数“int f(int x)”,判断 x 是不是素数,若是,则函数返回 1,否则返回 0,并且在 main()函数中验证。例如,输入 9 和 11,分别输出其是不是素数的对应信息。

(2)利用题(1)中定义的函数 f(),输出区间[2,100]中的所有素数。

(3)定义函数“int f(int x)”,判断 x 是不是回文数,若是,则函数返回 1,否则函数返回 0,并通过 main()函数验证。例如,12 321 和 23 32 是回文数。

(4)定义函数“int f(int n)”,求 $n!$。

(5)利用题(4)定义的函数 f(),计算 $\sum_{i=1}^{n} i$。

(6)定义函数“int f(int a,int b)”,求 a 和 b 的最大公约数。要求用递归函数实现。

(7)定义宏“MAX(a,b,c)”,求 3 个数中的最大值。

实验 6 数 组 (1)

一、实验目的及要求

1. 掌握一维数组和二维数组的定义、初始化、赋值、数组元素的引用形式。
2. 掌握数组的输入和输出方法。
3. 了解与数组有关的数值计算方法。

二、实验内容及步骤

1. 验证以下程序,分析运行结果。

(1)

```
#include <stdio.h>
void main( )
{
  int a[6],i;
  for(i=0;i<6;i++)
  {
    a[i]=9*(i+2)%5;
    printf("%d",a[i]);
  }
```

```
  putchar('\n');
}
```

(2)

```
#include <stdio.h>
void main()
{
  int b[10]={1,2,3,5},i;
  for (i=0;i<10;i++)
    printf("%d",b[i]);
  printf("\n");
}
```

(3)

```
#include <stdio.h>
void main( )
{
  int n[3][3],i,j;
  for(i=0;i<3;i++)
    for(j=0;j<3;j++)
      n[i][j]=i+j;
  for(i=0;i<3;i++)
  {
    for(j=0;j<3;j++)
      printf("%d\t",n[i][j]);
    putchar('\n');
  }
}
```

(4)说明以下程序实现的功能。

```
#include <stdio.h>
void main( )
{
  int i,a[20]={1,1};
  for(i=2;i<20;i++)
    a[i]=a[i-2]+a[i-1];
  for(i=0;i<20;i++)
    printf("%d\t",a[i]);
  putchar('\n');
}
```

(5)说明以下程序实现的功能。

```
#include <stdio.h>
void main( )
{
```

```
    int i,j,m,n,a[3][4]={43,32,22,13,11,22,33,44,36,23,26,31};
    m=n=0;
    for(i=0;i<3;i++)
      for(j=0;j<4;j++)
        if (a[m][n]>a[i][j]) m=i,n=j;
    printf("a[m][n]=%d,m=%d,n=%d\n",a[m][n],m,n);
}
```

(6)

```
#include <stdio.h>
void main( )
{
    int i,j,t,a[4][4]={11,22,33,44,1,2,3,4,10,20,30,40,12,22,32,42};
    for(i=0;i<4;i++)
      for(j=0;j<i;j++)
        {t=a[i][j];a[i][j]=a[j][i];a[j][i]=t;}
    for(i=0;i<4;i++)
    {
      printf("\n");
      for(j=0;j<4;j++)
        printf("%d ",a[i][j]);
    }
}
```

2. 程序填空。

(1)程序的功能是:在第1个循环中给数组a的前10个元素依次赋值为1,2,3,…,10;在第2个循环中使数组变为1,2,3,4,5,5,4,3,2,1。

```
#include <stdio.h>
void main( )
{
    int i,a[10];
    for(i=0;i<10;i++)
      a[i]=________;
    for(i=0;i<5;i++)
      ________=a[i];
    for(i=0;i<10;i++)
      printf("%d ",a[i]);
}
```

(2)程序的功能是:将数组中的数据逆序存放。例如,数组a中的元素依次为12,32,34,45,56,21,74,61,逆序后为61,74,21,56,45,34,32,12。

```
#include <stdio.h>
#define N 8
void main( )
```

```
{
  int a[N],i,j,t;
  for (i=0;i<N;i++)
    scanf("%d",________);      /*将数读入数组中*/
  i=0;j=N-1;
  while (i<j)
  {
    t=a[i];a[i]=a[j];________;
    i++;________;
  }
  for (i=0;i<N;i++)
    printf ("%d ",a[i]);
  printf ("\n");
}
```

(3)程序的功能是:对数组 a 的主对角线和次对角线上的元素求和,并分别存于变量 s1 和 s2 中。

```
#include <stdio.h>
void main( )
{
  int a[3][3]={1,3,6,7,9,11,14,15,17};
  int s1=0,s2=0,i,j;
  for (i=0;i<3;i++)
    for (j=0;j<3;j++)
      if (i==j)   s1=s1+________;
  for (i=0;i<3;i++)
    for (________;j>=0;j--)
      if (________==2)   s2=s2+a[i][j];
  printf("s1=%d,s2=%d\n",s1,s2);
}
```

(4)程序的功能是:从键盘上输入若干(不超过100个)学生的成绩,存于数组 x 中,计算出平均分 ave,并输出低于平均分的成绩,当输入负数时结束输入。

```
#include <stdio.h>
void main( )
{
  float x[100],s=0,ave,a;
  int n=0,i;
  printf("输入成绩:");
  while ( n<100)
  {
    scanf("%f",&a);          //输入成绩到a中
    if (________)     break;
    s=s+a;
```

```
    ________;
    n++;
  }
  ave=s/n;
  printf("输出\n");
  printf("平均分=%f\n",ave);
  for(i=0;i<n;i++)
    if (________)
      printf("%.0f ",x[i]);
}
```

3. 编写程序。

(1)求区间[2,100]内所有的素数，存于数组 a 中。

(2)某数列前两项分别为 2 和 3，其后每项为其前两项之积，求此数列的第 8 个数。

(3)读入 20 个整数，统计非负数的个数及其和，并找出最大的数。

(4)求数列 1,3,3,3,5,5,5,5,5,7,7,7,7,7,7,7,…的第 40 项。

(5)生成以下矩阵并将其存放在二维数组 a 中。

```
1  2  3  4
5  1  2  3
5  5  1  2
5  5  5  1
```

实验 7 数 组 (2)

一、实验目的及要求

1. 掌握字符数组和字符串函数的使用方法。
2. 了解与数组有关的非数值计算算法，如查找、插入、删除和排序等。
3. 了解数组元素及数组名作为函数参数的方法。

二、实验内容及步骤

1. 验证下面的程序，分析运行结果。

(1)

```
#include <stdio.h>
void main()
{
  char a[]="ab12cd34ef";
  int i,j;
  for (i=j=0;a[i];i++)
    if (a[i]>='a'&&a[i]<='z')
```

```
        a[j++]=a[i];
    a[j]='\0';
    printf("%s\n",a);
}
```

(2)

```
#include <stdio.h>
void main()
{
    char s1[81],s2[81];
    int m=0,n=0;
    printf ("输入字符串 s1 和 s2:");
    gets(s1);
    gets(s2);
    while (s1[m]!='\0') m++;
    while (s2[n])
    {
        s1[m]=s2[n];
        m++;n++;
    }
    printf("%d\n",m);
}
```

(3)运行以下程序时,输入“abcd　123　FGH　wer”。

```
#include <stdio.h>
void main()
{
    char s[80],c1,c2;
    int i=0,n=0;
    gets(s);
    while (s[i]!='\0')
    {
        c1=s[i];
        if (i==0) c2=' ';
        else c2=s[i-1];
        if (c2==' '&&c1!=' ')    n++;
        i++;
    }
    printf("n= %d\n",n);
}
```

(4)

```
#include <stdio.h>
void func( int b[]);
```

```
void main( )
{
   int a[]={5,6,7,8},i;
   func(a);
   for (i=0;i<4;i++)
      printf("%d ",a[i]);
}
void func( int b[])
{
   int j;
   for ( j=0;j<4;j++)
      b[j]=j;
}
```

(5)

```
#include <stdio.h>
int chg(int k[],int n)
{
   int i,s=0;
   for(i=0;i<n;i++)
      s=s+k[i];
   return s;
}
void main( )
{
   int x[10]={1,2,3,4,5,6,7,8,9,10},s=0;
   s=chg(x,5);
   printf("%d\n",s);
}
```

(6)

```
#include <stdio.h>
int fm(int a[],int n)
{
   int i,m=a[0];
   for (i=1;i<n;i++)
      if (m<a[i]) m=a[i];
   return m;
}
void main( )
{
   int x[10]={5,12,31,24,53,46,37,68,9,10},t;
   t=fm(x,7);
   printf("%d\n",t);
}
```

2. 程序填空。

(1)完成下面的程序，该程序对从键盘输入的两个字符串进行比较，然后输出两个字符串中第一个不同字符的 ASCII 码值之差。例如，输入的两个字符串分别为“abcdee”和“abcDee”，第一个不同字符为“d”和“D”，则输出 32。

```
#include <stdio.h>
void main()
{
  char s1[81],s2[81];
  int i,s;
  printf("输入字符串 1:");gets(s1);
  printf("输入字符串 2:");gets(s2);
  i=0;
  while ((s1[i]==s2[i] &&s1[i]!=________))
    i++;
  s=________;
  printf("%d\n",s);
}
```

(2)完成下面的程序，该程序将已按升序排列的两个字符串 a 和 b 中的字符按升序合并到字符串 c 中。

```
#include <stdio.h>
void main()
{
  char a[]="abdgikm",b[]="cefhjlnop",c[81];
  int i=0,j=0,k=0;
  while(a[i]!='\0'&&b[j]!='\0')
  {
    if (a[i]<b[j]) ________;
    else c[k]=________;
    k++;
  }
  c[k]=________;
  printf("%s\n",c);
}
```

(3)完成下面的程序，该程序使用冒泡法对数组 a 中的 10 个数按从小到大的顺序排列。

```
#include <stdio.h>
void main()
{
  int a[10]={43,32,22,13,11,44,36,23,26,31};
  int i,j,x;
  for (i=0;i<9;i++)
    for (j=0;________;j++)
```

```
        if (________)
        {
          x=a[j];
          ________;
          a[j+1]=x;
        }
    printf("排序后:\n");
    for(i=0;i<10;i++)
      printf("%d ",a[i]);
}
```

(4)完成下面的程序,该程序在数组 a 中查找已存在的数 x 并将其删除,即把该元素之后的元素逐个前移。

```
#include <stdio.h>
void main()
{
  int a[10]={43,32,22,13,11,44,36,23,26,31};
  int i,x;
  for(i=0;i<10;i++)
    printf("%d ",a[i]);
  printf("\n输入要删除的数:");
  scanf("%d",&x);
  for(i=0;i<9;i++)
    if (________) break;         //查找数据 x
  while (i<9)
    {________;i++;}              //删除数据
  printf("删除后:\n");
  for(i=0;i<9;i++)
    printf("%d ",a[i]);
}
```

3.编写程序。

(1)在数组 a 和数组 b 中分别放入 n 个和 m 个由小到大的有序整数,程序把两个数组中的数按由小到大的顺序归并到数组 c 中。

(2)有 10 位候选人,编号为 1~10。现有 20 人参与投票,计算每位候选人的得票数。运行程序时,输入数据 6,5,8,3,9,6,5,7,5,5,1,7,4,10,5,5,6,8,9,6,验证程序的运行结果。

(3)编写函数"int f(int x[ ],int n)",求出 20 个数中的最大数。

(4)某公司采用公用电话传递数据,数据在传递过程中是加密的,请按照以下要求实现程序功能,并进行测试。

①传递的数据是 4 位数的整数。

②加密规则如下:每位数字都加上 5,然后用相加的结果除以 10 的余数代替该位数字,再将第一位数字和第四位数字交换,将第二位数字和第三位数字交换。

实验8 指 针 (1)

一、实验目的及要求

1. 掌握指针的概念和指针变量的定义格式。
2. 理解指针变量与指针所指向变量之间的关系。
3. 掌握指针与函数的关系。

二、实验内容及步骤

1. 写出下列程序的运行结果。

(1)分析程序的运行结果,理解指针与地址的概念。

```
#include <stdio.h>
void main()
{
  int i,j, * pi, * pj;
  pi=&i;
  pj=&j;
  i=5;j=7;
  printf("\n%d\t%d\t%d\t%d",i,j,pi,pj);
  printf("\n%d\t%d\t%d\t%d\n",&i, * &i,&j, * &j);
}
```

(2)分析并运行如下两个程序,掌握用指针变量进行输入、输出的方法,理解指针与地址的概念。

```
#include <stdio.h>
void main()
{
  int * p,m;
  scanf("%d",&m);
  p=&m;
  printf("%d", * p);
}
```

```
#include <stdio.h>
void main()
{
  int * p,m;
  p=&m;
  scanf("%d",p);
  printf("%d",m);
}
```

(3)

```
#include <stdio.h>
void main()
{
  int x=3,y=5,z=2, * px, * py, * pz, * pm;
  px=&x;py=&y;pz=&z;
  pm=px;
```

```
    if ( * px< * py) pm=py;
    if ( * pm< * pz) pm=pz;
    printf("%d\n", * pm);
}
```

(4)

```
#include <stdio.h>
int add(int  * a,int  * b)
{
    int sum;
    sum= * a+ * b;
    return sum;
}
void main()
{
    int x,y,z;
    x=5;y=9;
    z=add(&x,&y);
    printf("%d\n",z);
}
```

(5)

```
#include <stdio.h>
void swap(int  * a,int  * b);
void main()
{
    int x=3,y=5, * p1=&x, * p2=&y;
    printf("%d,%d\n",x,y);
    swap(p1,p2);
    printf("%d,%d\n",x,y);
}
void swap(int  * a,int  * b)
{
    int t;
    t= * a, * a= * b, * b=t;
}
```

(6)

```
#include <stdio.h>
int  * f(int x,int y)
{
    if (x>y) return &y;
    else return &x;
}
```

```
void main()
{
  int x=3,y=5, * p;
  printf("%d,%d\n",x,y);
  p=f(x,y);
  printf("%d\n", * p);
}
```

(7)

```
#include <stdio.h>
int f(int x,int y)
{
  if (x>y) return y;
  else   return x;
}
void main()
{
  int x=3,y=5,( * p)(int,int);
  p=f;
  printf("%d\n",p(x,y));
}
```

2. 程序填空。

(1)函数 min()用于返回两个整数中的较小值。

```
#include <stdio.h>
int min(int  * x,int  * y)
{
  int z;
  if ( * x> * y) z=________;
  else z= * x;
  return z;
}
void main()
{
  int a,b,c;
  int * pa, * pb;
  pa=&a;pb=________;
  printf("输入 a,b:");
  scanf("%d,%d",pa,pb);
  c=________(pa,pb);
  printf("较小值为:%d\n",c);
}
```

(2)定义函数“void change(int * x,int * y,int * z)”,调用该函数,实现将 3 个整型变量 a、b、c 的值循环轮换,如输入 3,4,5,调用该函数后输出 4,5,3。

```
#include <stdio.h>
void change(int *x,int *y,int *z)
{
   int t;
   t=*x;
   ________;
   *y=*z;
   ________;
}
void main()
{
   int a,b,c;
   scanf("%d,%d,%d",&a,&b,&c);
   change(________);
   printf("%d,%d,%d\n",a,b,c);
}
```

(3)定义函数“void f(float x,int *y,float *z)”,将 x 的整数部分存放在 y 所指的存储单元,将 x 的小数部分存放在 z 所指的存储单元。

```
#include <stdio.h>
void f(float *x,int *y,float *z)
{
   *y=________;
   *z=*x-*y;
}
void main()
{
   ________ a,c;
   int b;
   scanf("%f",&a);
   f(________);
   printf("%f,%d,%f\n",a,b,c);
}
```

3.编写程序。

(1)从键盘输入 3 个整数,要求定义 3 个指针变量 p1,p2,p3,使 p1 指向 3 个数的最大数,p2 指向次大数,p3 指向最小数,然后按由小到大的顺序输出 3 个数。

(2)定义函数“int min(int x,int y)”,使 x 和 y 中较小数作为函数值。在 main()函数中输入 10 个整数,调用 min()函数求出其中的最小值。要求不使用数组。

实验 9 指 针 (2)

一、实验目的及要求

1. 掌握指针的运算。
2. 了解指针与数组的关系。
3. 了解指针与字符串的关系。
4. 了解指向指针变量的指针。
5. 了解指针函数。

二、实验内容及步骤

1. 写出下列程序的运行结果。

(1)分析程序的运行结果,理解数组的指针访问法与下标访问法。

```
#include <stdio.h>
void main()
{
  int a[ ]={1,2,3};
  int *p,i;
  p=a;
  for (i=0;i<3;i++)
    printf("%d,%d,%d,%d\n",a[i],p[i],*(p+i),*(a+i));
}
```

(2)

```
#include <stdio.h>
void f(char *st,int i)
{
  st[i]='\0';
  printf("%s\n",st);
  if (i>1) f(st,i-1);
}
void main()
{
  char st[]="abcd";
  f(st,4);
}
```

(3)

```
#include <stdio.h>
void main()
```

```
{
  char *s="ab5ca2cd34ef", *p;
  int i,j,a[]={0,0,0,0};
  for(p=s; *p!='\0';p++)
  {
    j= *p-'a';
    if(j>=0&&j<=3) a[j]++;
  }
  for (i=0;i<4;i++)
    printf("%d",a[i]);
}
```

(4)

```
#include <stdio.h>
void main()
{
  int a[]={1,2,3};
  int *p=a,b;
  char *q="abcde";
  b= *++p;
  printf ("%d%d%d%d%d\n",a, *a, *(a+2), *(p+1),p[1]);
  printf ("%d%d%c%s%s\n",q, *q,q[3],q+3,q);
}
```

(5)

```
#include <stdio.h>
int m[2][3]={{1,2,3},{4,5,6}};
void f(int (*a)[3]);
void main()
{
  f(m);
}
void f(int (*a)[3])
{
  printf("%d%d%d\n",a[0][1],a[0][2],a[1][1]);
}
```

(6)

```
#include <stdio.h>
char *a[ ]={"BASIC","FORTRAN","COBOL"};
void f(char **n);
void main()
{
  char **m;
```

```
    m=a;
    f(m);
}
void f(char **n)
{
    int i=0;
    for(i=0;i<3;i++)
        printf("%s\n",n[i]);
}
```

2. 程序填空。

(1)以下程序实现将指针 ps 所指字符串复制到数组 str 中的功能。

```
#include <stdio.h>
void main()
{
    char *ps="C language";
    char str[15];
    char *p1,*p2;
    p1=ps;
    p2=str;
    while(*p1!='\0')
    {
        ________;
        p1++;
        ________;
    }
    *p2='\0';
    printf("ps=%s\n",ps);
    printf("str=%s\n",str);
}
```

(2)定义函数"void lookup(int *t,int n,int *a)",查找具有 n 个元素的数组 t 中的最小值。从 main()函数中输入 10 个整数,输出其最小值。

```
#include <stdio.h>
int table[10];
void lookup(int *t,int n,int *a)
{
    int k,m;
    m=t[0];
    for (k=1;k<n;k++)
        if (m>t[k])  ________;
    *a=m;
}
void main()
```

```
{
  int i,min, * p ________;
  for(i=0;i<10;i++)
    scanf("%d",table+i);
  lookup(________,p);
  printf("min=%d\n",min);
}
```

(3)定义函数“char * cut(char * s,int m,int n)”,截取字符串 s 中从第 m 个位置开始的 n 个字符,返回所截字符串的首地址。

```
#include <stdio.h>
char sub[20];
char * cut(char * s,int m,int n)
{
  int i;
  for (i=0;i<n;i++)
    sub[i]=________;
  sub[i]='\0';
  return   ________;
}
void main()
{
  char s[]="goodmorning";
  char * p;
  p=cut(________,4,5);
  printf("%s\n",p);
}
```

(4)定义函数“void lookup(int t[],int * i,int val,int n)”,在数组 table 中查找 x,若数组中存在 x,将数组中第一个等于 x 的数组元素的下标存放在 i 所指变量中,否则在 i 所指变量中存放-1。在 main()函数中输出查找结果。

```
#include <stdio.h>
int table[10]={12,34,54,23,45,33,78,87,59,97},x,index;
void lookup(int t[],int * i,int val,int n)
{
  int k;
  for (k=0;k<n;k++)
    if (________)
    {
      * i=k;
      return;
    }
    * i=-1;
```

```
}
void main()
{
  scanf("%d",&x);
  lookup(table, ________,x,10 );
  printf("%d\n",index);
}
```

3. 编写程序。

(1)已知一个整型数组 a[5],其各个元素的值分别为 4,6,8,10,12,使用指针求该数组的元素之积。

(2)100 个人围成一圈并用 1～100 编号,从第 1 个人开始,每数到 3 的人出圈,求最后一个出圈的人的编号为多少。

(3)定义函数“int f(char * x)”,判断 x 所指的字符串是不是回文,若是则函数返回 1,否则返回 0。

(4)定义函数“void f(int * p,int n)”,对 p 所指数组中的 n 个元素排序。

(5)按照以下要求完成功能,并进行测试。

①从键盘输入一个整数 n;

②当 n 为偶数时,调用函数求 $1/2+1/4+\cdots+1/n$;

③当 n 为奇数时,调用函数求 $1/1+1/3+\cdots+1/n$(利用指针函数)。

实验 10 自定义数据类型

一、实验目的及要求

1. 理解结构体类型、共用体类型和枚举类型的概念,掌握它们的定义形式。

2. 掌握结构体变量和共用体变量的定义及其成员的引用形式。

3. 了解内存的动态分配、链表的概念和操作。

二、实验内容及步骤

1. 分析下面的程序,预测结果,并上机验证。

(1)

```
#include <stdio.h>
struct s
{
  char b;
  float f;
};
```

```
void main()
{
  printf("%d", sizeof(struct s))
}
```

(2)

```
#include <stdio.h>
struct st
{
  int x,y;
};
void main()
{
  st data[2]={1,10,2,20};
  st *p=data;
  printf("%d,",p->y);
  printf("%d\n",(++p)->x);
}
```

(3)

```
#include <stdio.h>
struct contry
{
  int num;
  char name[20];
}x[5]={1,"China",2,"USA",3,"France",4,"England",5,"Spanish"};
void main()
{
  int i;
  for (i=3;i<5;i++)
    printf("%d%c",x[i].num,x[i].name[0]);
}
```

(4)

```
#include <stdio.h>
void main( )
{
  enum team{ qiaut,cubs=4,pick,dodger=qiaut-2 };
  printf ("%d,%d,%d,%d\n",qiaut,cubs,pick,dodger);
}
```

(5)

```
#include <stdio.h>
#include <string.h>
struct A
{
  int a;
  char b[10];
  double c;
};
A f(A t);
void main()
{
  A x={1001,"zhang",1098.0};
  x=f(x);
  printf("%d,%s,%f\n",x.a,x.b,x.c);
}
A f(A t)
{
  t.a=1002;
  strcpy(t.b,"chang");
  t.c=t.c+2;
  return t;
}
```

(6)

```
#include <stdio.h>
union U
{
  int ival;
  float fval;
  char *pval;
}u,*p;
void main ( )
{
  u.ival=10;
  u.fval=9.0;
  u.pval="C language,";
  printf("\n%s",u.pval);
  p=&u;
```

```
    printf("%d\n",p->ival);
  }
```

(7)

```
  #include <stdio.h>
  struct TT
  {
    int x;
    TT * y;
  } * p;
  TT a[4]={20,a+1,15,a+2,30,a+3,17,a};
  void main()
  {
    int i;
    p=a;
    for (i=1;i<=2;i++)
    {
      printf("%d",p->x);
      p=p->y;
    }
  }
```

(8)

```
  #include <stdio.h>
  void main()
  {
    struct cmplx
    { int x;
      int y;
    }
    cnum[2]={1,3,2,7};
    printf("%d\n",cnum[0].y /cnum[0].x * cnum[1].x);
  }
```

2.程序填空。

(1)函数 fun()的功能是:统计 p 所指结构体数组中所有性别(sex)为 M 的记录个数,将其存放于变量 n 中,并作为函数值返回。

```
  #include <stdio.h>
  #define N 3
  struct SS
  {
```

```
    int num;
    char name[10];
    char sex;
};
int fun(SS p[])
{
    int i,n=0;
    for (i=0;i<N;i++)
        if (________=='M') n++;
    return n;
}
void main()
{
    SS w[N]={{1,"AA",'F'},{2,"BB",'M'},{2,"CC",'M'}};
    int n;
    n=fun(________);
    printf("n=%d\n",n);
}
```

(2)以下程序中 pw 指向一个单向链表，函数 display()用于显示该单向链表中所有结点的字符串。

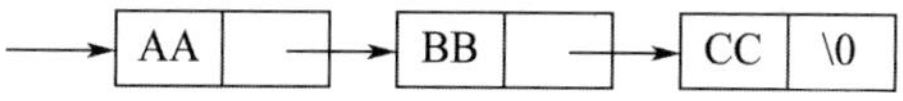


```
#include <stdio.h>
struct Node
{
    char sub[3];
    Node *next;
}w={"AA"},x={"BB"},y={"CC"};
void display(Node *h)
{
    Node *p;
    p=h;
    while (________)
    {
        printf("%s\n",p->sub);
        p=________;
    }
}
void main()
{
    Node *pw=&w;
```

```
    w.next=&x;
    x.next=&y;
    y.next=NULL;
    display(pw);
}
```

(3)有以下说明和定义语句,可用 a.day 引用结构体成员 day,请写出引用结构体成员 a.day 的其他两种形式:________、________。

```
struct date
{
   int day,month,year;
}a,*p;
p=&a;
```

(4)若有以下说明和定义语句,则变量 w 在内存中所占的字节数是________。

```
union aa
{
   float x, y;
   char c[6];
};
struct st { union aa v;float w[5];double ave; } w;
```

(5)以下程序的功能是按学生姓名查询其排名和平均成绩,查询可连续进行,直到输入 0 时结束,请在空白处填入正确内容。

```
#include <stdio.h>
#include <string.h>
#define NUM 4
struct student
{ int rank;char *name;float score; };
________ stu[ ]={3,"Tom",98.3,
                 4,"Mary",78.2,
                 1,"Jack",95.1,
                 2,"Jim",90.6,
                };
void main()
{
   char str[10];
   int i;
   do { printf("Enter a name:");
      scanf("%s",str);
      for(i=0;i<NUM;i++)
      if(________)
      {printf("name:%8s\n",stu[i].name);
      printf("rank:%3d\n",stu[i].rank);
```

```
        printf("average:%5.1f\n",stu[i].score);
        ________;}
        if(i>=NUM) printf("Not found\n");
    }while(strcmp(str,"0")!=0);
}
```

3. 编写程序。

有 10 名学生，每名学生的数据包括学号、姓名和 3 门课的成绩。从键盘输入每名学生的数据，计算每名学生 3 门课的平均分，计算 10 名学生每门课的平均分，然后要求按学生平均分从低到高的次序打印出每名学生的各门课的分数、3 门课的平均分，最后输出每门课的平均分（采用结构体数组）。

要求定义一个函数 input()，输入相关数据；定义一个函数 average1()，求每名学生 3 门课的平均分；定义一个函数 average2()，求 10 名学生每门课的平均分；用函数 sort()按学生平均分对数据排序；用函数 output()输出总成绩表。

实验 11 文　　件

一、实验目的及要求

1. 掌握文件的基本概念。

2. 认识文件类型指针，熟悉文件操作的基本过程，学会选用适当的文件操作函数处理文件。

3. 了解文件的读写方式，如顺序读写文件、随机读写文件。

4. 了解将不同数据（如简单变量数据、数组数据、结构体类型数据）写入或读出文件的方法。

二、实验内容及步骤

1. 分析以下程序，预测结果，并上机验证。

(1)程序运行前，在 C:\目录下编写一个名为 t1.txt 的文本文件，其中包含"#"字符。

```
#include <stdio.h>
#include <stdlib.h>
void main()
{
   FILE *fp;
   char c;
   if ((fp=fopen("C:\\t1.txt","r"))==NULL)
   {
      printf("文件不能打开!");
      exit(0);
```

```
    }
    while (!feof(fp))
    {
      c=fgetc(fp);
      putchar(c);
      if (c=='#') break;
    }
    fclose(fp);
  }
```

(2)

```
  #include <stdio.h>
  #include <string.h>
  void fun(char *fname,char *st)
  {
    FILE *pf;
    int i;
    pf=fopen(fname,"w");
    for (i=0;i<strlen(st);i++)
      fputc(st[i],pf);
    fclose(pf);
  }
  void main()
  {
    fun("C:\\test.txt","newworld");
    fun("C:\\test.txt","hello!");
  }
```

2.程序填空。

(1)求 100 以内的素数,分别将它们输出到显示器和 x.txt 文件中,要求每行输出 5 个数。

```
  #include <stdio.h>
  #include <stdlib.h>
  int f(int x)
  {
    int z=1,k;
    for (k=2;k<=x/2;k++)
      if (x%k==0) {z=0;break;}
    return z;
  }
  void main()
  {
    int i,n=0;
```

```
    FILE *px;
    px=fopen("C:\\x.txt","w");
    if (px==NULL) exit(0);
    for ( i=2;i<100;i++)
      if (________)
      {
        printf("%5d",i);
        fprintf(px,"%5d",i);
        n++;
      }
      fclose(   ______);
}
```

程序运行后查看是否在 C 盘生成 x.txt 文件，并用文本编辑工具(如记事本)查看 x.txt 文件中的数据。

(2)读出题(1)所述的 x.txt 文件中的数据，将它们输出到显示器，并求它们的和。

```
#include <stdio.h>
void main()
{
    int i,sum=0;
    FILE *py;
    py=________ ("C:\\x.txt","r");
    while (! feof(py))
    {
      fscanf(py,"%d",&i);
      sum=________;
      printf("%5d",i);
    }
    fclose(py);
    printf("\n%5d\n",sum);
}
```

3. 编写程序。

(1)有 10 名学生，每名学生的数据包括学号、姓名和 3 门课的成绩，从键盘输入每名学生的数据，然后将成绩表分别写入文本文件 s.txt 和二进制文件 s.dat。

(2)从题(1)的文本文件 s.txt 或二进制文件 s.dat 中读入每名学生的数据，计算每名学生 3 门课的平均分，计算 10 名学生每门课的平均分，然后要求按学生平均分从低到高的次序打印出每名学生的各门课的分数、3 门课的平均分，最后输出每门课的平均分。

要求定义一个函数 input()，输入相关数据；定义一个函数 average1()，求每名学生 3 门课的平均分；定义一个函数 average2()，求 10 名学生每门课的平均分；用函数 sort()按学生平均分对数据排序；用函数 output()输出总成绩表。

第2部分

习　　题

习题1 C语言程序设计概述

一、选择题

1. 一个C程序的执行是(　　)。
   A. 从程序的main()函数开始,到main()函数结束
   B. 从程序的第一个函数开始,到本程序的最后一个函数结束
   C. 从程序的main()函数开始,到本程序的最后一个函数结束
   D. 从程序的第一个函数开始,到本程序的main()函数结束
2. 下列叙述中正确的是(　　)。
   A. 在C程序中,main()函数必须位于程序的最前面
   B. C程序的每行中只能写一条语句
   C. C程序的语句以";"结束
   D. 在对一个C程序进行编译的过程中,可发现注释中的拼写错误
3. 下列叙述中不正确的是(　　)。
   A. 一个C程序可由一个或多个函数组成
   B. 一个C程序必须包含一个main()函数
   C. C程序的基本组成单位是函数
   D. 在C程序中,注释说明只能位于一条语句的后面
4. C语言规定,在一个程序中,main()函数的位置(　　)。
   A. 必须在最开始　　B. 必须在系统调用的库函数的后面
   C. 可以任意　　D. 必须在最后
5. 用C语言编写的程序(　　)。
   A. 可立即执行　　B. 是一个源程序
   C. 经过编译即可执行　　D. 经过编译解释才能执行
6. 下列叙述中正确的是(　　)。
   A. C语言源程序不必通过编译就可以直接运行
   B. C语言中的每条可执行语句最终都将被转换成二进制的机器指令
   C. C语言源程序经编译形成的二进制代码可以直接运行
   D. C语言中的函数不可以单独进行编译

7. 下列叙述中正确的是(　　)。

A. 构成C程序的基本单位是函数

B. 可以在一个函数中定义另一个函数

C. main()函数必须放在其他函数之前

D. 所有函数一定要在被调用之前进行定义

8. 下列关于C程序运行流程的描述,(　　)是正确的。

A. 编辑目标程序、编译目标程序、链接目标程序、运行可执行程序

B. 编译源程序、编辑源程序、链接目标程序、运行可执行程序

C. 编辑源程序、编译源程序、链接目标程序、运行可执行程序

D. 编辑目标程序、编译源程序、链接目标程序、运行可执行程序

9. 描述算法的方法有多种,(　　)不是常用的表示方法。

A. 自然语句　　　　B. 流程图或N-S图

C. 伪代码　　　　D. 效果图

10. 下列关于算法特征的描述,(　　)是不正确的。

A. 有穷性:指一个算法应该包含有限的操作步骤,而不是无限的

B. 确定性:指算法的每一个步骤都应当是确定的,不应该是含糊的、模棱两可的

C. 有效性:指算法中的每一个步骤都应当能有效地执行,并得到确定的结果

D. 输入输出性:指算法中可以有输入输出操作,也可以没有输入输出操作

11. 一个C语言源程序文件的扩展名是(　　)。

A. txt　　　　B. cpp

C. obj　　　　D. exe

12. 如果程序有语义错误,就需要对程序进行调试。一般编程环境都提供了相应的调试手段和方法,主要的方法包括(　　)。

A. 设置断点,观察变量　　　　B. 单步调试,观察变量

C. 编辑、编译、链接和执行　　　　D. A和B都正确

二、填空题

1. 一个C程序是由若干________构成的,其中有且只能有一个main()函数。

2. 一个用C语言编写的程序,如果在运行时没有发生任何异常情况,则只有在执行了________函数的最后一条语句后,程序才会终止运行。

3. C语言源程序通常由________将其转换为目标程序。

4. 函数体由________开始,由________结束。

5. ________是描述求解某一问题的有限步骤。

6. 在结构化程序中,有3种结构:顺序结构、________结构、循环结构。

7. 用C语言编写的代码是一个________。

8. C语言中的赋值、输入、输出语句可以构成________结构的程序。

三、写出下列程序的运行结果

1.

```
#include <stdio.h>
void main()
```

```
{
  printf("* * * * * * * *\n");
  printf("*\n");
  printf("* * * * * * * * * * * * * * *\n");
  printf("*\n" );
  printf("* * * * * * * *\n");
}
```

2.

```
#include <stdio.h>
void main()
{
  int x;
  x=1+2+3+4+5+6+7+8+9+10;
  printf("x=%d\n",x);
}
```

习题 2 C 语言的基本数据类型与表达式

一、选择题

1. 下列选项中，均不是 C 语言关键字的是(　　)。

A. Define　IF　type　　B. getc　char　printf

C. include　scanf　case　　D. while　go　pow

2. 下列选项中，均属于不合法的用户标识符的是(　　)。

A. AP　_0　do　　B. float　2a　0_A

C. b－a　goto　int　　D. －123 temp INT

3. 下列选项中，均属于合法的整型常量的是(　　)。

A. 160　－0xffff　011　　B. －0xcdf　01a　0xe

C. －01　986.012　0668　　D. －0x48a　2e5　0x

4. 下列选项中，均属于合法的转义字符的是(　　)。

A. '\"　'\\'　'\n'　　B. '\'　'\017'　'\''

C. '\018'　'\f'　'xab'　　D. '\\0'　'101'　'xlf'

5. 若有代数式 $3\frac{ae}{bc}$，其中 a,b,c,e 为变量，则不正确的 C 语言表达式是(　　)。

A. a/b/c * e * 3　　B. 3 * a * e/b/c

C. 3 * a * e/b * c　　D. a * e/c/b * 3

6. 已知各变量的类型说明如下：

```
int k,a,b;
long w=5;
double x=1.42;
```

则下列不符合 C 语言语法的表达式是(　　)。

A. x%(−3)　　B. w+=−2

C. k=(a=2,b=3,a+b)　　D. a+=a−=(b=4)*(a=3)

7. 已知字母 A 的 ASCII 码值为十进制数 65,且 c2 为字符型,则执行语句"c2='A'+'6'−'3';"后,c2 的值是(　　)。

A. D　　B. 69　　C. 不确定的值　　D. C

8. 设有如下说明:

```
char w;
int x;
float y;
double z;
```

则表达式"w*x+z−y"的值的数据类型为(　　)。

A. float　　B. char　　C. int　　D. double

9. 设变量 n 为 float 型,m 为 int 型,则能实现将 n 中的数值保留小数点后两位,第 3 位进行四舍五入运算的表达式是(　　)。

A. n=(n*100+0.5)/100.0　　B. m=n*100+0.5,n=m/100.0

C. n=n*100+0.5/100.0　　D. n=(n/100+0.5)*100.0

10. 若变量 num、sum 均是整型,且 num=sum=7,则执行表达式"sum=num++,sum++,++num"后,sum 的值为(　　)。

A. 7　　B. 8　　C. 9　　D. 10

二、填空题

1. 下列合法的变量名有________。

100　5ac　a[2]　ex−1　int　"abc"　s06　_234　ab　c.d　E3

2. 下列常数中符合 C 语言语法规定的是________。

'\'　'\101'　"\"　e3　019　0x1e　1.e5　(2+3)e(4−2)　5.2e2.5　"ab\n"

3. C 语言中把"真"表示为________,把"假"表示为________。

4. 系统通常将一个________判断为"真",将零值判断为"假"。

5. 用于描述"*c* 是大于或等于 *a* 且小于 *b* 的奇数"的逻辑表达式是________。

6. 已知字母 a 的 ASCII 码值为十进制数 97,且设 ch 为字符型变量,则表达式"ch='a'+'8'−'3'"的值为________。

7. C 语言中一个单精度浮点型数据占________个字节。

8. 写出下列表达式的值,设 a=10,b=4,c=5,d=1,x=2.5,y=3.5。

(1)!(a+b)+y−1&&x+b/2

(2)x+y>b&&a/b==x

(3)a%=(b%=3)

(4)a+=a−=a*=a

(5)(float)(a+c)/2+(int)x%(int)y

(6)a*=b+c

(7)++a-c+b++

(8)++a-c+++b

(9)!((a<b) &&!c||1)

(10)a+b,18+(b=4)*3,(a/b,a%b)

(11)a<b? a:c<d? c:d

(12)b++==c

(13)a*=b=c=2

(14)a=b==c

三、写出下列程序的运行结果

1.

```
#include <stdio.h>
void main()
{
  int x,y,z;
  x=y=1;
  z=x++,y++,++y;
  printf("%d,%d,%d\n",x,y,z);
}
```

2.

```
#include <stdio.h>
void main()
{
  int i,j;
  i=8,j=10;
  printf("%d,%d,%d,%d\n",i,j,++i,j++);
}
```

四、程序填空题

1.下面的程序用一个条件表达式描述从a,b,c中找出最大值赋给max。

```
#include <stdio.h>
void main()
{
  int a,b,c,max;
  printf("输入3个整数:");
  scanf("%d,%d,%d",&a,&b,&c);
  max=________;
  printf("3个数中最大的为:%d\n",max);
}
```

2.下面是输入华氏温度(F)就会求出对应的摄氏温度(C)的程序,其计算公式为$C=\frac{5}{9}(F-32)$。

```
#include <stdio.h>
void main()
{
  float F,C;
  printf("请输入华氏温度:");
  scanf("%f",&F);
  C=________;
  printf("摄氏温度为%f\n",C);
}
```

习题 3　顺序结构程序设计

一、选择题

1. printf()函数中用到格式符%5s,其中数字 5 表示输出的字符串占用 5 列。如果字符串的长度大于 5,则(　　)。

A. 左对齐输出该字符串,右补空格

B. 按原字符串的长度从左向右全部输出

C. 右对齐输出该字符串,左补空格

D. 输出错误信息

2. 已有定义“int a=-2;”和输出语句“printf("%8x",a);”,下列叙述正确的是(　　)。

A. 整型变量的输出格式符只有%d 一种

B. %x 是格式符的一种,它可以适用于任何一种类型的数据

C. %x 是格式符的一种,其变量的值按十六进制输出,但%8x 是错误的

D. %8x 不是错误的格式符,其中数字 8 规定了输出字段的宽度

3. 已有下列定义和输入语句:

```
int a1,a2;
char c1, c2;
scanf("%d%c%d%c",&a1,&c1,&a2,&c2);
```

若要求 a1,a2,c1,c2 的值分别为 10,20,A,B,当从第一列开始输入数据时,正确的数据输入方式是(　　)。

A. 10A20B<CR>　　B. 10 A20B<CR>

C. 10 A 20 <CR>　　D. 10 A 20 B<CR>

4. 已有定义“int x;float y;”且执行“scanf("%3d%f",&x,&y);”语句,若从第一列开始输入数据 12345 678,则 x 的值为(　　)。

A. 12345　　B. 123

C. 45　　D. 345

5. 已有程序段和输入数据的形式如下,程序中输入语句的正确形式为(　　)。

```
#include <stdio.h>
```

```
void main()
{
   int a;
   float f;
   printf("\nInput number:");
   ________                              //输入语句
   printf("\nf=%f,a=%d\n",f,a);
}
```

Input number: 4.5 2<CR>

A. scanf("%d,%f",&a,&f);　　B. scanf("%f,%d",&f,&a);

C. scanf("%d%f",&a,&f);　　D. scanf("%f%d",&f,&a);

6. 下列说法中正确的是(　　)。

A. 输入项可以为一实型常量,如 scanf("%f",3.5)

B. 只有格式控制符,没有输入项,也能进行正确的输入,如 scanf("a=%d,b=%d")

C. 当输入一个实型数据时,格式控制部分应规定小数点后的位数,如 scanf("%4.2f",&f)

D. 当输入数据时,必须指明变量的地址,如 scanf("%f",&f)

7. 有下列程序,当输入数据的形式为"25,13,10<CR>"时,正确的输出结果为(　　)。

```
#include <stdio.h>
void main()
{
   int x,y,z;
   scanf("%d%d%d",&x,&y,&z );
   printf("x+y+z=%d\n",x+y+z);
}
```

A. x+y+z=48　　B. x+y+z=35

C. x+z=35　　D. 不确定值

8. 可以利用 putchar()函数输出一个(　　)。

A. 字符或字符型变量的值　　B. 由整型变量组成的表达式的值

C. 实型变量的值　　D. 字符串

二、填空题

1. 在 C 语言中,用________函数能够设置精确的输出格式。

2. 执行语句"printf("%d,%d",i,j,k,m);"后,将在屏幕上输出________个整数。

3. 格式说明符________或________可用来输出有符号的十进制整数。

4. 所有的字符串都以________字符结束。

5. 在 C 语言中,用________函数能够完成精确的格式化输入。

6. 格式说明符________表示显示一个 double 型的数据值。

7. ________标志使输出在域宽内左对齐。

8. 在 scanf()函数的转换说明符中,可用________表示要从输入流中读取指定个数的字符或数字。

9. ________标志显示带有加号或减号的值。

10. 用花括号组合在一起的多条语句称为________。

三、写出下列程序的运行结果

1. 运行时从键盘输入小写字母 a,写出输出结果。

```
#include <stdio.h>
void main()
{
  putchar(getchar()-32);
}
```

2.

```
#include <stdio.h>
void main()
{
  int i=-2;
  float x=457.898;
  printf("i=%5d,%o,%3x,%u,%c\n",i,i,i,i,i+'E' );
  printf("x=%10f,%10.2f,%-10.4f,%.2f,%f\n",x,x,x,x,x);
}
```

说明:在 VS 2010 开发环境中,int 型数据默认为 32 位二进制数。

3. 输入 a 的值为 97、b 的值为 98、c 的值为 12.34、d 的值为-56.789,写出程序的运行结果。

```
#include <stdio.h>
void main()
{
  int a,b;
  float c,d;
  scanf("%d,%d,%f,%f",&a,&b,&c,&d);
  printf("a=%d,b=%d,c=%f,d=%f\n",a,b,c,d);
}
```

4. 运行时输入 48,写出程序的运行结果。

```
#include <stdio.h>
void main()
{
  int a,b,k=4,m=6;
  scanf("%d",&a);
  b=k/m+7;
  printf("a=%c\n",a);
  printf("b=%d\n",b);
}
```

四、程序填空题

1. 输入一个3位整数，将它反向输出。例如，输入127，输出为721。

```
#include <stdio.h>
void main()
{
  int a,b;
  printf("输入一个3位数:");
  scanf("%d",________);
  b=(a%10)*100+(a/10%10)*10+________;
  printf("反序为%d\n",b);
}
```

2. 求 $y=\sqrt{\ln x}$ 的值，结果按四舍五入保留6位小数的格式输出。

```
#include <stdio.h>
#include <math.h>
void main()
{
  double x,y;
  printf("输入 x=");
  scanf("%lf",&x);
  y= ________(log(x));
  printf("y=________\n",y);
}
```

3. 将从键盘输入的实型十进制数分离为整数部分和小数部分后输出。例如，输入123.45，输出为123.45=123+0.45。

```
#include <stdio.h>
void main()
{
  double x,y;
  int w;
  printf("输入 x=");
  scanf("%lf",&x);
  w=________;
  y=________;
  printf("%lf=%d+%lf\n",x,w,y);
}
```

五、编写程序

1. 从键盘输入一个小写字母，输出其对应的大写字母。例如，输入a，输出A。

2. 已知三角形的三条边的边长，求该三角形的面积。例如，三角形的边长分别为 a,b,c，则面积为 $S=\sqrt{l(l-a)(l-b)(l-c)}$，其中 $l=\frac{1}{2}(a+b+c)$。

习题 4 选择结构程序设计

一、选择题

1. 能正确表示 $a \geqslant 10$ 或 $a \leqslant 0$ 的关系表达式是(　　)。

   A. a>=10 or a<=0　　B. a>=10 | a<=0

   C. a>=10 || a<=0　　D. a>=10 && a<=0

2. 判断逻辑值为“真”的最准确的叙述是(　　)。

   A. 1　　B. 大于 0 的数

   C. 非 0 的整数　　D. 非 0 的数

3. 已知“int x=10,y=20,z=30;”,则执行以下语句后,x,y,z 的值是(　　)。

```
if (x>y)
z=x;x=y;y=z;
```

   A. x=10,y=20,z=30　　B. x=20,y=30,z=30

   C. x=20,y=30,z=10　　D. x=20,y=30,z=20

4. 已知“int a=5,b=1,c=0;”,则执行以下语句后,输出结果是(　　)。

```
if (a=a+b)   printf("* * * *\n")
else    printf("# # # #\n");
```

   A. 有语法错误,不能编译　　B. 能通过编译,但不能通过链接

   C. * * * *　　D. # # # #

5. 下列选项中,两个条件语句的语义等价的是(　　)。

   A. if (a=3)　printf("%d\n",a);
      if (a==3)　printf("%d\n",a);

   B. if (a-3)　printf("%d\n",a);
      if (a!=3)　printf("%d\n",a);

   C. if (a)　printf("%d\n",a);
      if (a==0)　printf("%d\n",a);

   D. if (a-3)　printf("%d\n",a);
      if(a==3)　printf("%d\n",a);

6. 已知“int k=8;”,则执行以下语句后,输出结果是(　　)。

```
if (k<=0)
  if (k==0) printf("# # # #\n");
  else printf("&&&&\n");
else printf("* * * *\n");
```

   A. # # # #　　B. &&&&

   C. * * * *　　D. 有语法错误,无输出结果

7. 为了避免嵌套 if…else 语句存在二义性,C 语言规定 else 总是与(　　)组成配对关系。

   A. 缩排位置相同的 if　　B. 在其之前未配对的 if

   C. 在其之前未配对的最近的 if　　D. 同一行上的 if

8. 下列运算符中优先级最高的是(　　)。

   A. <=　　B. &&　　C. ||　　D. !

9. 已知“int a;”，则表达式(　　)不能用来判断 a 值为奇数是“真”，为偶数是“假”。

A. a%2==1　　B. !(a%2)

C. a%2　　D. !(a%2==0)

10. 执行下列程序段后，输出结果是(　　)。

```
int s=15;
switch(s/4)
{
   case 1: printf("1");
   case 2: printf("2");
   case 3: printf("3");
   default: printf("0");
}
```

A. 3　　B. 20　　C. 30　　D. 10

二、填空题

1. ________结构在条件为“真”时执行一个动作，在条件为“假”时执行另一个动作。

2. 执行 switch 结构中的________语句能够立即退出该结构。

3. ________结构用来测试某个特定的变量或表达式是否等于每一个假设的整数值。

4. 已有定义“int a,b,c;”，且 a=b=c=1，执行

```
if (a++||++b) c++;
```

语句后，b 的值是________。

5. 已有定义“int a;”，与语句

```
if (a%3==0) a=1;
else a=0;
```

等价的语句是________。

6. 如果 a=1，b=2，c=3，d=4，则表达式“a>b? c:d”的值为________。

7. 已有定义“int n=8;”，执行如下语句后，n 的值是________。

```
switch (n--)
{
   case 8: n--;
   case 7: n--;break;
   default: n--;
}
```

三、写出下列程序的运行结果

1.

```
#include <stdio.h>
void main()
{
```

```
    int a=10,b=20,c=30,d;
    d=++a<=10 || b-->=20 || c++;
    printf("%d,%d,%d,%d\n",a,b,c,d);
}
```

2.

```
#include <stdio.h>
void main()
{
    int p,a=5;
    if (p=a!=0)
        printf("%d\n",p);
    else
        printf("%d\n",p+2);
}
```

3.

```
#include <stdio.h>
void main()
{
    int x=1,y=2,z=3;
    if (x--) y++,z++;
    else y--;z--;
    printf("%d,%d,%d\n",x,y,z);
}
```

4.

```
#include <stdio.h>
void main()
{
    int n=0,m=1,x=2;
    if(!n) x-=1;
    if(m) x-=2;
    if(x) x-=3;
    printf("%d\n",x);
}
```

5. 当输入 30 时,写出程序的输出结果。

```
#include <stdio.h>
void main()
{
    int a;
    scanf("%d",&a);
    if(a>20 ) printf("%d,",a);
```

```
    if(a>10) printf("%d\n",a);
}
```

6. 当输入－5,－10 时,写出程序的输出结果。

```
#include <stdio.h>
void main()
{
  int a,b;
  scanf("%d,%d",&a,&b);
  if(a>b)
    if(a>0) printf("A");
    else if(b>-5) printf("B");
  else printf("C");
  printf("*\n");
}
```

7.

```
#include <stdio.h>
void main()
{
  int n='c';
  switch (n++)
  {
    case 'a':
    case 'b':printf("good");break;
    case 'c':printf("pass");
    case 'd':printf("warn");
  }
}
```

8. 当输入 2 时,写出程序的输出结果。

```
#include <stdio.h>
void main()
{
  int c;
  c=getchar();
  switch(c-'2')
  {
    case 0:
    case 1: putchar(c+4);
    case 2: putchar(c+4);break;
    case 3: putchar(c+3);
    default: putchar(c+2);break;
  }
```

```
    putchar('\n');
}
```

四、程序填空题

1. 从键盘输入字符，若该字符是数字字符，则将其转换成数字后输出。

```
#include <stdio.h>
void main()
{
    int c;
    c=getchar();
    if(________)  ________;
    printf("%d",c);
}
```

2. 从键盘输入一个 3 位以内的正整数，若该数为 3 位数，则输出 3；若该数为 2 位数，则输出 2；否则输出 1。

```
#include <stdio.h>
void main()
{
    int a;
    printf("输入一个 3 位以内的正整数\n");
    scanf("%d",&a);
    if(________)
        printf("3\n");
    else if(________)
            printf("2\n");
            ________
            printf("1\n");
}
```

3. 从键盘输入一个百分制成绩，然后输出其对应的等级制成绩。例如，有成绩 x，当 $x \geqslant 90$ 时，输出“优”；当 $60 \leqslant x < 90$ 时，输出“合格”；当 $x < 60$ 时，输出“不及格”。

```
#include <stdio.h>
void main()
{
    int x;
    printf("输入一个成绩 x:\n");
    scanf("%d",&x);
    switch (________)
    {
        case 10:
        case 9: ________;break;
        case 8:
```

```
        case 7:
        case 6: printf("合格\n");break;
        default: printf("不及格\n");
    }
}
```

五、编写程序

1. 计算下列公式的值,取两位小数,a 和 x 从键盘输入。要求使用 if 语句完成。

$$y=\begin{cases}\dfrac{1}{2a}\ln\left|\dfrac{a+x}{a-x}\right|, & |x|\neq a\\ 0, & |x|=a\end{cases}$$

2. 计算下列函数的值。如果 $x\geqslant100$ 或 $x<36$,则输出 y 无定义的信息。要求使用 switch 语句实现。

$$y=\begin{cases}x+2, & 81\leqslant x<100\\ 2x+3, & 64\leqslant x<81\\ 2x+4, & 49\leqslant x<64\\ 4x+5, & 36\leqslant x<49\end{cases}$$

3. 输入 4 个整数,要求按由大到小的顺序输出这些数。

习题 5 循环结构程序设计

一、选择题

1. 若 m 和 n 均为 int 型变量,则下列 for 语句的正确判断是(　　)。

```
for (n=15,m=15;m!=15;++m,n++)
    printf("ok!\n") ;
```

A. 循环体一次也不执行　　B. 输出 ok!

C. 循环体只执行一次　　D. 死循环

2. 若 n 为 int 型变量,则循环语句"for (n=0;n<20;n++);"控制循环体执行(　　)次。

A. 19　　B. 21　　C. 22　　D. 20

3. 若有定义"int i=1;",则执行循环语句"while (i++<5);"后 i 的值为(　　)。

A. 4　　B. 5　　C. 6　　D. 7

4. 设 E 为表达式,下列与"do…while(E);"不等价的语句是(　　)。

A. do…while(!E==0);　　B. do…while(E>0||E<0);

C. do…while(E==0);　　D. do…while(E!=0);

5. 在循环语句的循环体中执行 continue 语句,其作用是(　　)。

A. 立即终止程序运行

B. 继续执行 continue 语句之后循环体的各语句

C. 结束本次循环

D. 结束本次循环，跳出循环过程

6. 下列程序段的运行结果是(　　)。

```
int x=3;
do
{
  printf("%3d,",x-=2);
}while(!(--x));
```

A. 1　　B. 0　　C. 死循环　　D. 1，-2

7. 在C语言中，for语句(　　)是不正确的。

A. 与for语句嵌套　　B. 与while语句嵌套

C. 与do…while语句嵌套　　D. 不可以嵌套

8. 设i,j,k均为int型变量，则执行下面的for循环后，k的值为(　　)。

```
for(i=0,j=10;i<=j;i++,j--) k=i+j;
```

A. 12　　B. 10　　C. 11　　D. 9

9. 在C语言中，while和do…while循环的主要区别是(　　)。

A. do…while的循环体至少无条件地执行一次

B. while的循环控制条件比do…while的循环控制条件严格

C. do…while允许从外部转到循环体的控制部分

D. do…while的循环体不能是复合语句

10. 下列叙述中正确的是(　　)。

A. continue语句的作用是结束整个循环的执行

B. 只能在循环体内和switch语句内使用break语句

C. 在循环体内使用break语句或continue语句的作用相同

D. 从多层循环嵌套中退出时，只能使用goto语句

11. 下列程序段的运行结果是(　　)。

```
int a=1,b=2,c=2,t;
while (a<b<c)
{ t=a;a=b;b=t;c--;}
printf ("%d,%d,%d",a,b,c);
```

A. 1,2,0　　B. 2,1,0　　C. 1,2,1　　D. 2,1,1

12. 执行语句"for (i=1;i++<=4;);"后，变量i的值是(　　)。

A. 3　　B. 4　　C. 5　　D. 6

二、填空题

1. ________循环结构在条件为"真"时反复执行一条语句或一组语句。

2. 在C语言的循环语句中，循环条件表达式可省略的语句是________。

3. 在C语言的循环语句中，________语句的循环体至少会被执行一次。

4. 在"for (表达式1;表达式2;表达式3)"语句中，假定循环体被执行的次数为 n，则表达式1共被计算________次。

5. ________语句表示结束循环,继续执行循环体后的语句。

6. ________语句表示跳过这条语句到循环末尾的语句,重新循环。

7. 若定义"int n=1,s=0;",则执行循环"do {n=2 * n;s++;} while(n<8);"后,变量 s 的值为________。

8. do…while 循环语句中 while 后的________不可以省略。

9. 下面循环体中的语句"printf ("%d",a);"被执行了________次。

```
int a;
for (a=1;a<10;a++)
{
  if (a%3==0)   continue;
  printf ("%d",a);
}
```

10. 有语句"for (;i<10;i++)",如果要保证循环执行 10 次,则在 for 语句之前应使循环控制变量 i 的值为________。

三、写出下列程序的运行结果

1.

```
#include <stdio.h>
void main()
{
  int n=2,k=0;
  while (k++&&n++>2);
    printf("%d%d\n",k,n);
}
```

2.

```
#include <stdio.h>
void main()
{
  int x=23;
  do
  {
    printf("%d",x--);
  }while(!x);
}
```

3.

```
#include <stdio.h>
void main()
{
  int x,y;
  for (x=y=1;x<=100;x++)
  {
```

```
    if (y>=10) break;
    if (y%3==1) {y=y+3;continue;}
  }
  printf("%d\n",x);
}
```

4. 程序运行时，输入 12345，写出输出结果。

```
#include <stdio.h>
void main()
{
  long data;
  scanf("%ld",&data);
  while (data)
  {
    printf("%ld",data%10);
    data=data/10;
  }
}
```

5.

```
#include <stdio.h>
void main()
{
  int j,i,k=0;
  for (j=50;j<=60;j++)
  {
    for (i=2;i<j;i++)
      if(!(j%i))  break;
    if(i>=j-1)
      printf("%d",j);
  }
}
```

6.

```
#include <stdio.h>
void main()
{
  int i=2,j=2;
  if (j==2)
  {
    i++;j++;
    printf("\ni+j=%d",i+j);
  }
  else
```

```
    {
      i--;j--;
      printf("\ni-j=%d",i-j);
    }
    for (j=1;j<i-1;j++)
      if (j==i)    printf("\nj=%d\n",j);
      else    printf("\nOK!\n");
}
```

7. 写出语句“if (i>j)”的执行次数和程序的运行结果。

```
#include <stdio.h>
void main()
{
    int i=0,j=10,k=2,s=0;
    for ( ;;)
    {
      i+=k;
      if (i>j)
      {
        printf("%d",s);
        break;
      }
      s+=i;
    }
}
```

8.

```
#include <stdio.h>
void main( )
{
    int i;
    for (i=1;i<=8;i++)
      if (i%3==0)
        printf ("#");
      else
        printf ("*");
    printf ("$\n");
}
```

四、程序填空题

1. 输入一个整数，判断其是不是素数，若该数为素数，则输出 1，否则输出 0。

```
#include <stdio.h>
void main()
{
```

```
    int i,x,y=1;
    scanf("%d",&x);
    for(i=2;i<=x/2;i++)
      if (________)  {y=0;break;}
    printf("%d\n",y);
}
```

2. 输入一个十进制正整数,将它对应的二进制数的各位反序输出,如 13→1101→1011。

```
#include <stdio.h>
void main()
{
    int x,t;
    printf("请输入一个整数:");
    scanf("%d",&x);
    printf("其二进制数的反序为:");
    while (________)
    {
      t= ________;
      x=x/2;
      printf("%d",t);
    }
}
```

3. 若有以下程序段,且变量已正确定义和赋值。

```
for (s=1.0,k=1;k<=n;k++)
  s=s+1.0/(k*(k+1));
printf("s=%f\n",s);
```

使以下程序段的功能与之完全相同。

```
s=1.0;k=1;
while (________)
{
  s=s+1.0/(k*(k+1));
  ________;
}
printf("s=%f\n",s);
```

4. 补充程序,打印出以下图形。

```
    1
   123
  12345
 1234567
123456789
```

```
#include <stdio.h>
void main()
{
  int i,j;
  for (i=1;i<=5;i++)
  {
    for (j=1; ________;j++)              //打印空格
      printf(" ");
    for (j=1; ________;j++)              //打印数字 1~j
      printf("%d",j);
    printf("\n");                        //换行
  }
}
```

5. 输入两个正整数 m 和 n，求其最大公约数。

```
#include <stdio.h>
void main()
{
  int m,n,r;
  printf("请输入两个正整数: ");
  scanf("%d,%d",&m,&n);
  r=m%n;
  while (________)
  {
    m=n;
    n=r;
    r= ________;
  }
  printf("最大公约数为:%d\n",n);
}
```

6. 求下列公式的前 10 项之和。

$$S=\frac{2}{1}-\frac{3}{2}+\frac{5}{3}-\frac{8}{5}+\cdots$$

```
#include <stdio.h>
void main()
{
  float n,t, ________;
  float k=1,a=1,b=2;
  for(n=1;n<=10; ________)
  {
    s=s+k*b/a;
    k=________;
    t=a+b;
```

```
    a=b;
    b=t;
  }
  printf("s=%f\n",s);
}
```

7. 用标记变量法判断一个数是不是素数(质数),完善以下程序,通过变量 f 判断 n 是不是素数。

```
#include <stdio.h>
#include <________>
void main()
{
  int n,k,f=1;
  scanf("%d",&n);
  for (k=2;k<=(int)sqrt((double)n);k++)
    if (n%k==0)
    {f=0;break;}
  if (________)
    printf("%d 是素数\n",n);
  else
    printf("%d 不是素数\n",n);
}
```

8. 从键盘输入一批整数,最后一个数为 0,找出其中的最大数和最小数并输出。

```
#include <stdio.h>
void main()
{
  int x,max,min;
  printf("输入数据,以 0 结束:");
  scanf("%d",&x);
  max=min=x;
  while (________)
  {
    if(max<x)   max=x;
    if(min>x)   min=x;
    ________;
  }
  printf("最大值:%d,最小值:%d\n",max,min);
}
```

9. 打印出所有的水仙花数。所谓水仙花数,是指一个 3 位数的各位数字的立方和等于该数本身。例如,153 是水仙花数,因为 $153=1^3+5^3+3^3$。

```
#include <stdio.h>
void main()
```

```
{
  int i,x,y,z;
  printf("所有的水仙花数为:\n");
  for (i=100; ________;i++)
  {
    x=i/100;        //取出数 i 的百位数字
    y=i/10%10;      //取出数 i 的十位数字
    z= ________;    //取出数 i 的个位数字
    if ( i==x*x*x+y*y*y+z*z*z )
      printf("%5d",i);
  }
}
```

五、编写程序

1. 有一个分数序列：

$$\frac{1}{2},\frac{2}{3},\frac{3}{5},\frac{5}{8},\frac{8}{13},\frac{13}{21},\cdots$$

求这个序列的前 20 项之和。

2. 输入 x 值，按下列公式计算 $\cos x$（精确到 10^{-5}）。

$$\cos x=1-\frac{x^2}{2!}+\frac{x^4}{4!}-\frac{x^6}{6!}+\cdots$$

3. 按下列公式计算 π 值（精确到 10^{-6}）。

$$\pi=2\times\frac{2}{\sqrt{2}}\times\frac{2}{\sqrt{2+\sqrt{2}}}\times\frac{2}{\sqrt{2+\sqrt{2+\sqrt{2}}}}\times\cdots$$

4. 要将 1 元钱换成 1 分、2 分和 5 分的硬币，每种硬币的个数大于 0 且为 5 的倍数，编程计算，并输出有多少种换法。

5. 求出 100～1 000 内同时满足除以 5 余 2、除以 7 余 3、除以 11 余 7 的所有整数的和及整数的个数。

6. 用迭代法求 x 的平方根 y，x 由键盘输入，利用下列迭代公式计算。

$$y_{n+1}=\frac{1}{2}\left(y_n+\frac{x}{y_n}\right)$$

初值 $y_0=x/2$，精确到 $|y_{n+1}-y_n|<10^{-4}$。

7. 编写程序，打印以下图形。

```
    *
  * * *
* * * * *
  * * *
    *
```

8. 编程测试整数 n 是否包含数字 5（n 由键盘输入），若包含数字 5，则输出 YES，否则输出 NO。

习题 6 函数与编译预处理

一、选择题

1. 下列对 C 语言函数的描述中，正确的是(　　)。

A. C 程序由一个或一个以上的函数组成

B. 函数既可以嵌套定义，又可以递归调用

C. 函数必须有返回值，否则不能使用函数

D. C 程序中调用关系的所有函数必须放在同一个程序文件中

2. 关于函数的参数，下列说法中正确的是(　　)。

A. 形参可以是表达式，实参也可以是表达式

B. 形参可以是变量，实参可以是表达式

C. 形参是表达式，实参是变量

D. 形参是变量，实参也必须是变量

3. C 语言的编译系统对宏命令的处理是(　　)。

A. 在程序运行时进行的

B. 在程序链接时进行的

C. 和程序中的其他语句同时进行编译的

D. 在对源程序中的其他成分正式编译之前进行的

4. 在 C 语言中，函数返回值的类型最终取决于(　　)。

A. 函数定义时在函数首部所说明的函数类型

B. return 语句中表达式的值的类型

C. 调用函数时主函数所传递的实参类型

D. 函数定义时形参的类型

5. 函数调用时，下列说法中不正确的是(　　)。

A. 若用值传递方式，则形参不予分配内存单元

B. 实参和形参可以同名

C. 主调函数和被调函数可以不在同一个文件中

D. 函数间传送数据可以使用外部全局变量

6. 如果一个变量在整个程序运行期间都存在，但是仅在说明它的函数内是可见的，则这个变量的存储类型应该被说明为(　　)。

A. 静态变量　　B. 动态变量

C. 外部变量　　D. 内部变量

7. 在 C 语言中，函数的数据类型是指(　　)。

A. 函数返回值的数据类型　　B. 函数形参的数据类型

C. 调用该函数时实参的数据类型　　D. 任意指定的数据类型

8. 下列函数定义形式正确的是(　　)。

A. double fun(int x,int y)　　B. double fun(int x;int y)

C. double fun(int x,int y);　　D. double fun(int x,y);

9. 下列函数调用语句含有实参的个数为(　　)。

```
y=func(a,b,max(d,e));
```

A. 5　　B. 2　　C. 3　　D. 4

10. 在函数调用过程中,如果函数 funA()调用了函数 funB(),函数 funB()又调用了函数 funA(),则(　　)。

A. 称为函数的直接递归调用　　B. 称为函数的间接递归调用

C. 称为函数的循环调用　　D. C 语言中不允许这样的递归调用

11. 如果在一个函数的复合语句中定义了一个变量,则该变量(　　)。

A. 只在该复合语句中有效　　B. 在该函数中有效

C. 在本程序范围内有效　　D. 为非法变量

二、填空题

1. 在 C 语言中,一个完整的函数包括________和函数体。

2. 变量从存在的时间来分,可分为________变量和动态变量。

3. 变量从作用域角度来分,可分为全局变量和________变量。

4. 表达式 sqrt(81)和 pow(5,3)的值分别是________和________。

5. 函数内定义的动态变量在函数________时才生成。

6. 编译预处理命令必须以________开头。

7. 已有宏定义“#define M(y) y*y”和宏调用“k=M(5+1);”,执行宏调用后 k 的值为________。

8. 函数调用语句“fun ((exp1,exp2),(exp3,exp4,exp5));”中含有________个实参。

9. 在宏定义“#define PI 3.14159”中,用宏名________代替一个常量。

10. 有以下函数声明和函数调用:

```
int fun(int a,int b);
y=fun(3,4);
```

则函数的实参和对应形参之间的数据传递方式为________。

11. 在 C 语言中,函数类型为________时,代表函数无返回值,免用 return 语句。

12. 在 C 语言中,若要使用库函数 strlen(),则必须用 include 将________头文件包含到程序中。

三、写出下列程序的运行结果

1.

```
#include <stdio.h>
#define f(x) x*x
void main()
{
   int i;
   i=f(4+4)/f(2+2);
   printf("%d\n",i);
}
```

2.

```
#include <stdio.h>
#define SUB(x,y) (x) * y
void main()
{
  int a=3,b=4,c;
  c=SUB(a++,b++);
  printf("%d,%d,%d\n",a,b,c);
}
```

3.

```
#include <stdio.h>
void fun(int a,int b,int c)
{ c=a * a+b * b; }
void main()
{
  int x=22;
  fun(4,2,x);
  printf("%d",x);
}
```

4.

```
#include <stdio.h>
int func(int a,int b)
{
  int c;
  c=a+b;
  return c;
}
void main()
{
  int x=6,r;
  r=func(x,x+=2);
  printf("%d\n",r);
}
```

5.

```
#include <stdio.h>
int d=1;
void fun(int p)
{
  int d=5;
  d+=p++;
  printf("%d",d);
```

```
}
void main()
{
  int a=3;
  fun(a);
  d+=a++;
  printf("%d\n",d);
}
```

6.

```
#include <stdio.h>
long fib(int n)
{
  if (n>2)
    return (fib(n-1)+fib(n-2));
  else
    return (2);
}
void main()
{
  printf("%d\n",fib(3));
}
```

7.

```
#include <stdio.h>
void fun()
{
  static int a=0;
  a+=2;
  printf("%d\t",a);
}
void main()
{
  int cc;
  for(cc=1;cc<4;cc++)
    fun();
  printf("\n");
}
```

四、程序填空题

1. 程序的功能是：计算 $s=1!+2!+3!+\cdots+n!$。

```
#include <stdio.h>
long fun(int n)                    //求 n!
{
```

```
    int i;
    long s=________;
    for (i=1;i<=n;i++)
        s=________;
    return s;
}
void main()
{
    long s=0;
    int k,n;
    scanf("%d",&n);
    for (k=1;k<=n;k++)      //计算 1!+2!+3!+…+n!
        s=________;
    printf("%ld\n",s);
}
```

2.程序的功能是:判断一个数的个位数字和百位数字之和是否等于其十位数字,若是,则返回 1,否则返回 0。

```
#include <stdio.h>
int fun(int n)
{
    int g,s,b;
    g=n%10;
    s=n/10%10;
    b= ________;
    if (________)
        return 1;
    else
        return 0;
}
void main()
{
    int num;
    printf("输入一个 3 位数据:\n");
    scanf("%d",&num);
    if (fun(num))
        printf("结果是:yes!\n");
    else
        printf("结果是:no!\n");
}
```

3. 素数指的是除1和它本身之外再也不能被其他数整除的数，2是最小的素数。编写函数fun()，判断数 x 是不是素数，若是，则返回1，否则返回0。

```
#include <stdio.h>
int fun(int x)
{
  int i,flag=1;
  for (i=2;i<x;i++)          //用2～x-1的数依次去除x
  {
    if (________)
      flag=0; break;         //只要有一个能整除x，就说明x不是素数，终止循环
  }
  return ________;
}
void main()
{
  int num;
  printf("输入数据:\n");
  scanf("%d",&num);
  if (fun(num))   printf("是素数\n");
  else printf("不是素数\n");
}
```

4. fun()函数的功能是求10的阶乘。

```
long fun( int n)
{
  if (________)
    return (n * fun(________));
  else
    return 1;
}
```

5. 寻找并输出2 000以内的亲密数对。亲密数对的定义为：若正整数 a 的所有因子（不包括 a）的和为 b，b 的所有因子（不包括 b）的和为 a，且 $a \neq b$，则称 a 和 b 为亲密数对。

```
#include <stdio.h>
int f(int x)           //求数x的因子和（不包括x）
{
  int i,y=0;
  for (i=1; ________;i++)
    if (x%i==0) y+=i;
  return y;
}
void main()
```

```
{
  int i,j;
  for (i=2;i<=2000;i++)
  {
    j=f(i);
    if (________)
      printf("%d,%d\n",i,j);
  }
}
```

6. fun()函数的功能是从读入的 n 个整数中,统计大于 0 的整数的个数。

```
#include <stdio.h>
int fun(int n)
{
  int i,x,c=0;
  for (i=0; ________;i++)
  {
    scanf("%d",&x);
    if (x>0) ________;
  }
  return c;          //返回大于 0 的整数的个数
}
void main()
{
  int c;
  c=fun(5);
  printf("大于 0 的整数的个数:%d\n",c);
}
```

五、编写程序

1. 已知 Fibonacci(斐波那契)数列为 1,1,2,3,5,8,13,…,用递归法编写求 Fibonacci 数的函数,在主函数中输入一个自然数,输出不小于该自然数的最小的一个 Fibonacci 数。

2. 已知某数列为

$$F(0)=F(1)=1 \quad (n=0,n=1)$$
$$F(2)=0 \quad (n=2)$$
$$F(n)=F(n-1)-3F(n-2)+2F(n-3) \quad (n>2)$$

求 $F(0)$ 到 $F(10)$ 中的最大值和最小值,以及值等于 0 的个数。

3. 编写一个函数 change(int x,int r),将十进制整数 x 转换成 $r(1<r<10)$ 进制后输出。

4. 已知某个正整数,其各位数字均为素数,而且各位数字之和也为素数。例如,232 的各位数字 2,3,2 及各位数字之和 2+3+2=7 也为素数。编写程序,找出 1~1 000 中满足上述条件的所有正整数,并将结果按每行 5 个数输出。

5. 已知：

$$f(x,n)=\sqrt{n+\sqrt{(n-1)+\sqrt{(n-2)+\cdots\sqrt{\cdots+\sqrt{1+x}}}}}$$

将 f 定义成递归函数，分别计算 $x=3.1,n=15$ 及 $x=8.1,n=10$ 时的 f 值。

6. 编写一个函数 digit(long n,int k)，它返回数 n 从右边开始的第 k 个数字的值。例如，digit(123456,2)的返回值为 5；digit(258,4)的返回值为－1。

7. 利用从两个数中找较大数的 max()函数（或宏），实现从 3 个数中找出最大数。使用带参数的宏完成。

习题 7 数　　组

一、选择题

1. 下列关于一维整数数组 a 的正确说明是(　　)。

A. int a(10)；　　B. int n=10,a[n]；

C. int a；　　D. #define SIZE 10
int a[SIZE]；

2. 下列能对一维数组 a 正确初始化的语句是(　　)。

A. int a[10]=(0,0,0)；　　B. int a[10]={}；

C. int a[10]={0}；　　D. int a[10]={10 * 1}；(要使每个元素为 1)

3. 假设 int 型变量占 4 个字节的存储单元，若有定义语句"int a[5]={1,2,3}；"，则数组 a 占用内存的字节数为(　　)。

A. 6　　B. 12　　C. 10　　D. 20

4. 下列能对二维数组 a 正确说明的是(　　)。

A. int a[3][ ]；　　B. float a[3,4]；

C. double a[2][4]；　　D. float a(3)(4)；

5. 下列能对二维数组 a 正确初始化的语句是(　　)。

A. int a[2][ ]={{1,0,1},{5,2,3}}；

B. int a[ ][3]={{1,2,3},{4,5,6}}；

C. int a[2][4]={{1,2,3},{4,5},{6}}；

D. int a[ ][3]={{1,0,1},{},{1,1}}；

6. 若有说明"int x[3][4]；"，则对 x 数组元素的正确引用是(　　)。

A. x[2][4]　　B. x[1,3]

C. x[4－2][0]　　D. x[0][4]

7. 若有下列语句，则正确的描述是(　　)。

```
char x[]="12345";
char y[]={'1','2','3','4','5'};
```

A. 数组 x 和数组 y 的长度相同　　B. 数组 x 的长度大于数组 y 的长度

C. 数组 x 的长度小于数组 y 的长度　　D. 数组 x 等价于数组 y

8. 存放多个字符串时,用(　　)比较适合。

A. 二维字符数组　　B. 一维字符数组

C. 自定义结构体　　D. 自定义共用体

9. 不能将字符串"Hello!"赋给数组 s 的语句或语句序列是(　　)。

A. char s[10]={'H','e','l','l','o','!'};

B. char s[10];s="Hello!";

C. char s[10];strcpy(s,"Hello!");

D. char s[10]="Hello! ";

10. 下列对 C 语言字符数组的描述中,错误的是(　　)。

A. 字符数组可以存放字符串

B. 字符数组存放的字符串可以整体输入输出

C. 可以在赋值语句中通过赋值运算符"="对字符数组整体赋值

D. 不可以用关系运算符对字符数组中的字符串进行比较

11. 为了判断两个字符串 s1 和 s2 是否相等,应当使用(　　)。

A. if (s1==s2)　　B. if (s1=s2)

C. if (strcpy(s1,s2))　　D. if (strcmp(s1,s2)==0)

12. 若用数组名作为函数调用时的实参,则实际上传递给形参的是(　　)。

A. 数组首地址　　B. 数组的第一个元素值

C. 数组中全部元素的值　　D. 数组元素的个数

13. 有字符数组 a,下列输入语句正确的是(　　)。

A. a=gets();　　B. scanf("%s",a);

C. scanf("%s",&a);　　D. gets("a");

二、填空题

1. 定义如下变量和数组:

```
int a[3][3]={1,2,3,4,5,6,7,8,9},k=1;
```

则 a[2-k][k] 的值是________。

2. 执行以下语句后,输出结果是________。

```
char c[ ]="\tv\\\0will\n";
printf("%d",strlen(c));
```

3. 设"char string[ ] ="This_is_a_book!";",则数组的长度应是________。

4. 设有说明"int a[2][3] ={{2},{3}};",则数组元素________的值为 3。

5. 若有说明"int a[ ][4]={1,2,3,4,5,6,7,8,9,0};",则数组 a 第一维的大小是________。

6. 若有定义"int a[2][3]={{1},{2,3}};",则初始化后元素 a[0][1]得到的初值是________。

7. 数组在内存中占一块连续的存储区,数组名代表________。

8. 执行语句"char str[80]="abcdef";"后,字符串 str 的结束标志存储在 str[________](填写下标值)中。

9. 在 C 语言中，数组名是一个不可变的________量，不能对它进行加减和赋值运算。

10. 若有数组“int a[]={9,4,12,8,2,10,7,5,1,3};”，该数组的最大元素的下标是________。

三、写出下列程序的运行结果

1.

```
#include <stdio.h>
void main()
{
  int a[]={1,2,3,4},m,n=1,s=0;
  for (m=3;m>=0;m--)
  {
    s=s+a[m]*n;
    n=n*10;
  }
  printf("s=%d\n",s);
}
```

2.

```
#include <stdio.h>
void main()
{
  int a[3][3]={1,2,3,4,5,6,7,8,9},i,m=1;
  for (i=0;i<=2;i++)
    m=m*a[i][i];
  printf("m=%d\n",m);
}
```

3.

```
#include <stdio.h>
void main()
{
  char s[]="abcdef";
  s[3]='\0';
  printf("%s\n",s);
}
```

4.

```
#include <stdio.h>
void main()
{
  char a[][5]={"ABCD","1234","abcd","5678","EFGH"};
  int i;
  for(i=0;i<3;i++)
```

```
        printf("%s",a[i]);
    }
```

5. 输入“abcdef”，写出运行结果。

```
#include <stdio.h>
void main()
{
    int i,j,k=0;
    char t,str[80];
    printf("请输入字符串:");
    gets(str);
    while (str[k]!=0) k++;       //将 k 定位于字符串尾
    i=0;j=k-1;
    while (i<j)
    {
        t=str[i];str[i]=str[j];str[j]=t;
        i++;j--;
    }
    puts(str);
}
```

6.

```
#include <stdio.h>
int f(int a[],int n)
{
    if(n>=1) return f(a,n-1)+a[n-1];
    else return 0;
}
void main()
{
    int aa[5]={1,2,3,4,5},s;
    s=f(aa,5);
    printf("s=%d\n",s);
}
```

7.

```
#include <stdio.h>
void main()
{
    char ch[7] ="12xy89";
    int i,s=0;
    for (i=0;ch[i];i++)
```

```
    if (ch[i]>='0'&&ch[i]<='9')
      s=10*s+ch[i]-'0';
  printf("%d\n",s);
}
```

8.

```
#include <stdio.h>
#define M 5
void main()
{
  int y=18,i=0,j,a[8];
  do
  {
    a[i] =y%2;
    i++;
    y=y/2;
  }while (y>=1);
  for (j=i-1;j>=0;j--)
    printf("%d",a[j]);
  printf("\n");
}
```

9. 程序运行时，从键盘输入：

```
aver<CR>
aver<空格><CR>
```

写出运行结果。

```
#include <stdio.h>
#include <string.h>
void main()
{
  char a1[80],a2[80],*s1=a1,*s2=a2;
  gets(s1);
  gets(s2);
  if(!strcmp(s1,s2) )  printf("*");
  else printf("#");
  printf("%d\n",strlen(strcat(s1,s2)));
}
```

10.

```
#include <stdio.h>
#define M 5
void main()
```

```
{
  char str[]="ABCDE";
  int i;
  for (i=0;i<M;i++)
  {
    if (str[i]=='B' || str[i]=='D')   continue;
    printf("%3d",str[i]);
  }
}
```

四、程序填空题

1. 从终端读入数据到数组中，统计其中正数的个数，并计算它们的和。

```
#include <stdio.h>
void main()
{
  int i,a[20],sum,count;
  sum=count=0;
  for (i=0;i<20;i++)
    scanf("%d",________);
  for (i=0;i<20;i++)
      if (a[i]>0)
      {
        count++;
        sum+= ________;
      }
  printf("sum=%d,count=%d\n",sum,count);
}
```

2. 将一个整数的各位数字存放到一个字符数组中，按逆序存放，如 483 存放成 384。

```
#include <stdio.h>
char str[10]={'\0'};
void convert(char a[],int n)
{
  int i=0;
  while (n!=0)
  {
    a[i]=n%10+'0';
    n= ________;
    i++;
  }
}
void main()
{
```

```
    int num;
    scanf("%d",&num);
    convert(str, ________);
    puts(str);
}
```

3. 函数 d(s,i,n)从字符串 s 中删除第 *i* 个字符开始的 *n* 个字符。例如,从字符串"abcdef"中删除第 2 个字符开始的 2 个字符,结果为"adef"。

```
#include <stdio.h>
void d(char s[],int i,int n)
{
    int j,k,length=0;          //length 用于计算字符串的长度
    while ( s[length] ) ________;
    i--;j=i;
    if ( i<length )
    {
        k=i+n;
        if ( i+n<=length)
            while ( k<length ) s[j++]=s[k++];
        s[j] =________;
    }
}
void main()
{
    char a[20];
    scanf("%s",a);
    d(a,2,2);
    puts(a);
}
```

4. 对于给定的 10 个整数,以下程序实现将其中最小的数与第一个数交换,最大的数与最后一个数交换。

```
#include <stdio.h>
#define N 10
void main()
{
    int i,min=0,max=0,t;              //min 存放最小元素的下标,max 存放最大元素的下标
    int a[]={10,40,300,1,5,8,100,35,80,20};
    for (i=0;i<N;i++)
    {
        if (a[i]<a[min]) min=i;       //求最小元素的下标
        if (a[i]>a[max]) max= ________;  //求最大元素的下标
```

```
    }
    t=a[0]; a[0]=a[min]; a[min]=t;    //交换
    t=a[N-1]; a[N-1]= ________; a[max]= ________;
    for (i=0;i<N;i++)
      printf("%4d",a[i]);
    printf("\n" );
}
```

5. 编写函数 test(a,n)，判断 $n \times n$ 数组 a 是不是对称矩阵，若是，则返回 1，否则返回 0。所谓对称矩阵，是指矩阵的第 i 行第 j 列的元素与第 j 行第 i 列的元素相同。

```
#include <stdio.h>
int test(int a[],int n)
{
   int i,j,flag=1;
   for (i=0; ________;i++)
     for (j=0;j<i;j++)
       if (a[i*n+j]!=a[j*n+i])
       { ________;break;}      //找到一个不对称数据，终止循环
   return flag;
}
void main()
{
   int i,j;
   int a[3*3]={1,2,3,2,1,4,3,4,1};
   if (test(a,3)) printf("是对称矩阵\n");
   else printf("不是对称矩阵\n");
}
```

注意：矩阵采用一维数组存放，以便将任意大小的矩阵作为函数参数传递。

6. 完善程序，输出以下结果。

```
1  2  3  4  5  6
1  1  2  3  4  5
1  2  1  2  3  4
1  3  3  1  2  3
1  4  6  4  1  2
1  5  10 10 5  1
```

```
#include <stdio.h>
void main()
{
   int a[6][6],i,j;
   for (i=0;i<6;i++)
```

```
    {
      for (j=0;j<6;j++)
      {
        if (________)
          a[i][j]=1;                    //第一列数据和对角线上的数据为1
        else if (i<j)
              a[i][j]= ________;        //将上三角数据赋给数组
            else a[i][j]= ________;     //下三角元素为上一行对应列与左列元素之和
        printf("%4d",a[i][j]);
      }
      printf("\n");
    }
}
```

7. 插入法排序是指在输入过程中完成排序。先读入一个数，存入数组的第一个单元中，以后每读入一个数，都要在数组中找到适当的位置插入，插入后并不影响数组中元素的有序性(以升序为例)。

```
#include <stdio.h>
int lastp=0;                                //已存放数组元素的最大下标
void insert(int a[],int x)
{
  int p=0,newp;
  while (p<lastp&& ________) p++;           //查找插入位置存放在 newp 中
  newp=p;
  for (p=lastp;p>=newp;p--)                 //将插入位置以后的数据全部后移一位
    a[p+1]= ________;
  a[newp]=x;                                //将 x 插入数组中
  lastp++;
}
void main()
{
  int a[100],i,x;
  for (i=0;i<10;i++)
  {
    scanf("%d",&x);
    ________;
  }
  for (i=0;i<10;i++) printf("%5d",a[i]);
}
```

8. 将十进制数转换成对应的十六进制数(字母用大写形式表示)。

```
#include <stdio.h>
void main()
{
```

```
    int i,d,m,n;
    char s[20];          //数组 s 用于保存转换后的进制数的每位字符
    scanf("%d",&n);      //输入需要转换的十进制数
    for (i=0;n!=0;i++)
    {
      m=n/16;
      d=n%16;
      if(d>9) s[i]= ________;
      else s[i]='0'+d;
      n= ________;
    }
    for (i--;i>=0;i--)
      putchar(s[i]);
}
```

五、编写程序

1. 输入一个不多于 5 位的正整数,求它是几位数,并分别输出每一位数字(以空格分隔)。例如,输入 12345,输出:

```
5
1 2 3 4 5
```

2. 一个数如果恰好等于它的因子(除该数自身外)之和,这个数就称为完数。编程找出 500 以内的所有完数,每一个完数按格式"6=1+2+3"输出。

3. 用选择法将 10 个整数由小到大排序。

4. 已知:

$$x_1=\frac{a_1+2a_2+a_3}{4},x_2=\frac{a_4+2a_5+a_6}{4},\cdots,x_{10}=\frac{a_{28}+2a_{29}+a_{30}}{4}$$

$$y_1=\frac{a_1\times a_{30}}{a_{11}},y_2=\frac{a_2\times a_{29}}{a_{12}},\cdots,y_{10}=\frac{a_{10}\times a_{21}}{a_{20}}$$

输入 30 个整数 $a_1,a_2,a_3,\cdots,a_{30}$,计算所有的 x 与 y(保留两位小数)。

5. 已知数组 a 中有 p 个按升序排列的元素,数组 b 中有 m 个按降序排列的元素,编程将数组 a 与数组 b 中的所有元素按降序存入数组 c 中。

6. 判断一个字符串是不是回文。回文是指顺读和逆读都一样的字符串,如字符串"123321"、"madam"是回文。

7. 将两个字符串连接起来,不要使用 strcat()函数。

8. 输入一行字符串,统计该字符串中字符对"ab"的个数。

9. 从键盘输入 10 个字符串,找出最长的一个字符串。

10. 从键盘输入一个字符串,编写一个函数,将此字符串中从第 m 个字符开始的 n 个字符复制成另一个字符串。

习题8 指　针

一、选择题

1. 设有定义“int n1=0,n2,＊p=&n2,＊q=&n1;”,下列赋值语句与“n2=n1;”语句等价的是(　　)。

A. ＊p=＊q;　　B. p=q;

C. ＊p=&n1;　　D. p=＊q;

2. 下列定义语句中正确的是(　　)。

A. char a='A'b='B';　　B. float a=b=10.0;

C. int a=10,＊b=&a;　　D. float ＊a,b=&a;

3. 若有语句“int a=4,＊point=&a;”,下列均代表地址的一组选项是(　　)。

A. a,point,＊&a　　B. &＊a,&a,＊point

C. ＊&point,＊point,&a　　D. &a,&＊point,point

4. 若有说明语句“int i,x[3][4];”,则不能将 x[1][1]的值赋给变量 i 的语句是(　　)。

A. i=＊(＊(x+1)+1);　　B. i=x[1][1];

C. i=＊(＊(x+1));　　D. i=＊(x[1]+1);

5. 设有定义“int m=2,n=5,＊p=&n;”,则语句“m=＊p;”的结果是(　　)。

A. 指针 p 指向 m　　B. 变量 m 的值变为 5

C. 变量 n 的值变为 2　　D. 指针 p 指向 m,同时变量 m 的值变为 5

6. 设有定义“int a[]={1,3,5,7,9},＊p=a;”,结果为 7 的表达式是(　　)。

A. ＊(p+3)　　B. ＊(p+4)　　C. ＊p+3　　D. ＊p+4

7. 下列程序段的运行结果是(　　)。

```
char str[ ]="ABC",*p=str;
printf ("%d\n",*(p+2));
```

A. 0　　B. 字符'C'的 ASCII 码值

C. 字符'C'的地址　　D. 字符'C'

8. 已知函数定义如下:

```
float fun1(int x,int y)
{
  float z;
  z=(float)x/y;
  return (z);
}
```

若主调函数中有“int a=1,b=0;”语句,则可以正确调用此函数的语句是(　　)。

A. printf("%f",fun1(a,b));　　B. printf("%f",fun1(&a,&b));

C. printf("%f",fun1(＊a,＊b));　　D. 调用时发生错误

9. 设有下列变量说明与函数说明，则合法的函数调用语句是(　　)。

```
void swap( int *p,int *q );
int x,y;
```

A. swap(x,y);　　B. swap(*x, *y);

C. swap(&x,&y);　　D. swap(p,q);

10. 已定义下列函数：

```
int fun(int *p)
{return *p;}
```

该函数的返回值是(　　)。

A. 不确定的值　　B. 形参 p 中存放的值

C. 形参 p 所指存储单元的值　　D. 形参 p 的地址值

11. 下列关于指针概念的叙述中，错误的是(　　)。

A. 一个指针变量只能指向同一类型的变量

B. 一个变量的地址称为该变量的指针

C. 两个同类型的指针变量可以作加减运算

D. 任何指针变量都可以与空指针进行比较

12. 执行下列语句组后，*a，*p，**p 的值分别为(　　)。

```
int i,a[ ]={0,1,2,3,4}, *p[5];
for (i=0;i<5;i++) p[i] =a+i;
```

A. 0,0,0　　B. 0,数组 a 的首地址,0

C. 0,1,2　　D. 0,数组 a 的首地址,数组 p 的首地址

13. 设有说明语句“int (*ptr)[M];”，其中的标识符 ptr 是(　　)。

A. M 个指向整型变量的指针

B. 指向 M 个整型变量的函数指针

C. 一个指向具有 M 个整型元素的一维数组的指针

D. 具有 M 个指针元素的一维指针数组，每个元素都只能指向整型量

14. 若有下列说明和语句，对数组 c 元素正确的引用语句是(　　)。

```
int c[4][5],( *cp)[5];
cp=c;
```

A. cp+1　　B. *(cp+3)

C. *(cp+1)+3　　D. *(*cp+2)

15. 下列各语句或语句组中，正确的操作是(　　)。

A. char s[5]="abcde"　　B. char *s;gets(s);

C. char s[5];s="abcde";　　D. char s[5];scanf("%s",&s);

二、填空题

1. “*”称为________运算符，“&”称为________运算符。

2. 在语句“int a=3,p=&a;”中，*p 的值是________。

3. 在语句“int *pa[5];”中，pa 是一个具有 5 个元素的指针数组，每个元素是一个________类型的指针。

4. 若两个指针变量指向同一个数组的不同元素，则可以进行减法运算和________运算。

5. 存放某个指针的地址值的变量称为指向指针的指针，即________指针。

6. 设“int a[10], *p=a;”，则对 a[3]的引用可以是 p[3](下标法)和________(地址法)。

7. 若 a 是已定义的整型数组，再定义一个指向数组 a 的存储首地址的指针 p 的语句是________。

8. 若有声明“char a[15]="Windows-9x";”，则语句“printf("%s",a+8);”的输出结果为________。

9. 已知“int a[][3]={1,2,3,4,5},y,*p=a;”，执行语句“y=(*++p)--;”后，数组 a 的第 0 行各元素值变为________。

10. 设有“char a[]="ABCD";”，则语句“printf("%c",*a);”的输出结果是________。

11. 定义数组“int a[2][3]={1,2,3,4,5,6},(*p)[3]=a;”，则 **(p+1)的值是________。

12. 执行以下程序段后，变量 a 的值为________。

```
int *p,a=10,b=1;
p=&a; a=*p+b;
```

13. 函数名相当于指针常量，它代表函数的________。

14. 有如下程序段：

```
int a[10]={1,2,3,4,5,6,7,8,9,10},*p=&a[3],b;
b=p[5];
```

则变量 b 等于________。

三、写出下列程序的运行结果

1.

```
#include <stdio.h>
void main()
{
  int a,*p1,*p2;
  a=10;
  p1=&a;
  p2=p1;
  printf("%d,%d,%d\n",a,*p1,*p2);
  *p1=11;
  printf("%d,%d,%d\n",a,*p1,*p2);
}
```

2.

```
#include <stdio.h>
void main()
{
```

```
    char str[]="a7234.405", *p;
    int s=0;
    for (p=str; *p!='\0';p++)
      if (*p>='0'&& *p<='9')
        s+= *p-0x30;       //'0'的 ASCII 码值为 0x30
    printf("s=%d\n",s);
}
```

3.

```
#include <stdio.h>
void main()
{
    int i,a[ ]={0,1,2}, *p[3];
    for (i=0;i<3;i++)
      p[i]=&a[i];
    printf("%d,%d\n", *p[2], **(p+1));
}
```

4.

```
#include <stdio.h>
int func(int *a,int *b)
{
    static int m=0,i=2;
    i+=m+1;
    m=i+ *a+ *b;
    return (m);
}
void main()
{
    int k=4,m=1,p;
    p=func(&k,&m); printf("%4d",p);
    p=func(&k,&m); printf("%4d\n",p);
}
```

5.

```
#include <stdio.h>
void main()
{
    int i;
    char aa[][3]={'a','b','c','d','e','f'};
    char (*p)[3]=aa;
    for (i=0;i<2;i++)
      if (i==0) aa[i][i+1]= **(p++);
    printf("%c\n", **p);
}
```

6.

```
#include <stdio.h>
int sub(char * s);      //函数声明
void main()
{
   char a[ ]="abcdefg";
   printf("%d\n",sub(a));
}
int sub(char  * s)
{
   char  * p=s;
   while( * p) p++;
   return (p-s);
}
```

7.

```
#include <stdio.h>
void ast(int x,int y,int  * cp,int  * dp)
{
    * cp=x+y;
    * dp=x-y;
}
void main()
{
   int a=4,b=3,c,d;
   ast(a,b,&c,&d);
   printf("%d,%d\n",c,d);
}
```

8.

```
#include <stdio.h>
void main()
{
   int a=10,b=20;
   void swap(int * ,int * );      //函数声明
   swap(&a,&b);
   printf("%d,%d\n",a,b);
}
void swap(int  * p,int  * q)
{
   int t;
   t= * p; * p= * q; * q=t;
}
```

9.

```
#include <stdio.h>
#include <string.h>
void fun(char *w)
{
  char t, *s1, *s2;
  for (s1=w,s2=w+strlen(s1)-1;s1<s2;s1++,s2--)
  {
    t=*s1;
    *s1=*s2;
    *s2=t;
  }
}
void main()
{
  char p[]="12345";
  fun(p);
  puts(p);
}
```

10.

```
#include <stdio.h>
void main()
{
  void change_p(int *);
  int *p,a[]={1,4,7,10};
  p=&a[1];
  change_p(p);
  printf("%d\n", *p);
}
void change_p(int *pi)
{
  *pi+=2;
  pi+=2;
  *pi+=2;
}
```

11.

```
#include <stdio.h>
void f(char *p,char *t)
{
  int i=0,j=0;
```

```
    while (*(p+i)) i++;
    while (*(t+j)) p[i++]=t[j++];
    p[i]='\0';
}
void main()
{
    char s1[20]="xyz",s2[]="abc";
    f(s1,s2);
    printf("%s\n",s1);
}
```

12.

```
#include <stdio.h>
void main()
{
    int i,j;
    char *p,*q,ch,a[]="Computer";
    p=a;
    q=p;
    for (i=0,j=7;i<j;i++,j--)
      { ch=p[i]; *(p+i)=*(p+j);p[j]=ch; }
    printf("%s->%s\n",q,p);
}
```

四、程序填空题

1. 以下程序实现求数组 a 中的最小值。

```
#include <stdio.h>
void main()
{
    int a[ ] ={7,4,6,3,10};
    int m,k,*ptr;
    m=a[0];
    ptr=________;
    for (k=1;k<5;k++)
      m=(*(ptr+k)<m) ? ________:m;
    printf("%d\n",m);
}
```

2. 以下程序实现求数组 a 中下标为偶数的元素之和。

```
#include <stdio.h>
void main()
{
    int a[ ] ={5,3,7,2,1,5,4,10};
    int s=0,k;
```

```
    for (k=0;k<8; ________)
        s+= *(a ________);
    printf("%d\n",s);
}
```

3. 以下程序实现从 10 个数中找出最大值和最小值。

```
#include <stdio.h>
int max,min;
void find_max_min(int *p,int n)
{
    int *q;
    max=min=*p;
    for (q=p;q< ________;q++)
        if (________) max= *q;
        else if (min> *q)   min= *q;
}
void main()
{
    int i,num[10];
    printf("输入 10 个数:");
    for (i=0;i<10;i++)
        scanf("%d",&num[i]);
    find_max_min(________,10);
    printf("最大值=%d,最小值=%d\n",max,min);
}
```

4. 以下程序通过指针连接两个字符串。

```
#include <stdio.h>
char *scat(char *str1,char *str2)    //函数返回指向字符串 str1 的指针
{
    char *p=str1;
    int i=0;
    while ( *p!= ________) p++;
    while ( *p= ________) p++;       //将字符串 str2 连接到字符串 str1 的后面
    return str1;
}
void main()
{
    char a[50],b[30];
    printf("输入字符串 a:");scanf("%s",a);
    printf("输入字符串 b:");scanf("%s",b);
    printf("a+b=%s\n",scat(a,b));
}
```

5. 以下程序调用 findmax()函数求数组中最大值的元素的下标。

```
#include <stdio.h>
void findmax(int *s,int t,int *n )        //n用于存放最大值下标的地址
{
   int p;
   for (p=0, *n=p;p<t;p++ )
      if ( s[p] >s[*n] )    ________;
}
void main()
{
   int a[10] ,i,k;                        //k用于存放最大值元素的下标
   printf("输入10个数:");
   for ( i=0;i<10;i++ )
      scanf("%d",&a[i]);
   findmax( a,10,________);
   printf("最大元素下标:%d,及其值:%d\n",k,a[k]);
}
```

6. 以下程序用于输出数组元素 s 所指的字符串。

```
#include <stdio.h>
void main()
{
   char *s[ ]={"man","woman","girl","boy","sister"};
   char **q;
   int k;
   for (k=0;k<5;k++)
   {
      q= ________;
      printf("%s\n", *q);
   }
}
```

五、编写程序

1. 将从键盘输入的每个单词的第一个字母转换为大写字母,输入时各单词必须用空格隔开,用“.”结束输入。

2. 编写函数 fun(),其功能是:从字符串中删除指定的字符(同一字母的大、小写按不同字符处理)。例如,程序执行时,在“turbo c and borland c++”中删除从键盘输入的字符“n”,则字符串变为“turbo c ad borlad c++”。如果输入的字符在字符串中不存在,则字符串原样输出。

3. 输入一个字符串,内有数字字符和非数字字符,如 gs423cd1567896>?df12345,将其中连续的3个数字作为一个整数,依次存放到一个数组 a 中,即 423 放在 a[0]、156 放在 a[1],……,

最后统计共有多少个整数，并输出这些数。

4. 将八进制数转换为十进制数。

5. 编写两个字符串连接程序，要求将两个字符串中的字符按字母顺序排列。

6. 从键盘输入 10 个数，从中找出最大数。

7. 将一个数组中的元素逆序存放。

习题 9 自定义数据类型

一、选择题

1. 设有下列定义语句，则叙述中不正确的是(　　)。

```
struct ex
{
   int x;
   float y;
   char z;
}example;
```

A. struct 是结构体类型的关键字　　B. example 是结构体类型名

C. x,y,z 是结构体成员名　　D. ex 是结构体类型名

2. C 语言中结构体变量在程序执行期间(　　)。

A. 所有成员一直驻留在内存中　　B. 只有一个成员驻留在内存中

C. 部分成员驻留在内存中　　D. 没有成员驻留在内存中

3. 有如下结构体类型，则 cnum[0]. y/cnum[0]. x * cnum[1]. x 的值是(　　)。

```
struct cmplx
{
   int x,y;
}cnum[2]={1,3,2,7};
```

A. 0　　B. 1　　C. 3　　D. 6

4. 下列关于结构体与共用体的说法中，正确的是(　　)。

A. 共用体同一个内存段可以用来存放几种不同类型的成员，但在某一时刻只能存放一个成员

B. 结构体变量所占的内存长度等于最长成员的内存长度，共用体变量所占内存长度是各成员占的内存长度之和

C. 共用体每个成员分别占有自己的内存单元

D. 结构体类型可以出现在共用体类型的定义中，但共用体类型不能出现在结构体类型的定义之中

5. 下列对结构体变量 stu1 中成员 age 的非法引用的是(　　)。

```
struct student
{
```

```
    int age;
    int num;
}stu1,*p=&stu1;
```

A. stu1.age　　B. student.age

C. p->age　　D. (*p).age

6. 结构体定义及初始化如下,则表达式“p->score”的结果是(　　)。

```
struct node
{
    int num;
    float score;
}stu[2]={101,91.5,102,92.5},*p=stu;
```

A. 101　　B. 91.5　　C. 102　　D. 92.5

7. 下列对 typedef 的叙述中不正确的是(　　)。

A. 用 typedef 可以定义各种类型名,但不能用来定义变量

B. 用 typedef 可以增加新类型

C. 用 typedef 只是将已存在的类型用一个新的标识符代表

D. 用 typedef 有利于程序的移植

8. 若有定义语句:

```
struct a
{
    int a1;
    int a2;
}a3;
```

则下列赋值语句正确的是(　　)。

A. a.a1=4;　　B. a2=4;

C. a3={4,5};　　D. a3.a2=5;

9. 下列关于枚举类型的说法中不正确的是(　　)。

A. 可以为枚举元素赋值

B. 枚举元素可以进行比较

C. 枚举元素的值可以在类型定义时指定

D. 枚举元素可以作为常量使用

10. 设有如下定义:

```
typedef int *INTEGER;
INTEGER p;
```

则下列叙述中正确的是(　　)。

A. p 是 int 型变量

B. p 是基类型为 int 的指针变量

C. p 是新增类型变量

D. 程序中可用 INTEGER 代替 int

11. 有如下程序段：

```
enum weekday
{
  aa,bb=2,cc,dd,ee
}week=ee;
printf("%d\n",week);
```

其运行结果是(　　)。

A. ee　　B. 5　　C. 2　　D. 4

12. 下列对枚举类型的定义中，不正确的是(　　)。

A. enum b{1,2,3};　　B. enum a{A,B,C};

C. enum c{D=3,E,F};　　D. enum d{X=0,Y=5,Z=9};

13. 设有如下枚举类型定义：

```
enum color
{ red=3,yellow,blue=10,white,black };
```

则枚举变量 black 的值是 (　　)。

A. 7　　B. 15　　C. 12　　D. 14

14. 下列程序段的输出结果是(　　)。

```
enum team
{ my,your=4,his,her=his+10 };
printf("%d%d%d%d\n",my,your,his,her);
```

A. 0123　　B. 04010　　C. 04515　　D. 14515

二、填空题

1. 自定义类型包括结构体、共用体和________ 3 种类型。

2. "."称为________运算符，"->"称为________运算符。

3. 设有定义语句：

```
struct
{
  int a;
  char c;
}s,*p=&s;
```

则对结构体成员 a 的引用方法可以是 s.a 和________。

4. 把一些属于不同类型的数据作为一个整体处理时，常用________。

5. 在说明一个共用体变量时，系统分配给它的存储空间是该共用体中的存储空间________的那个成员所占的空间。

6. 共用体变量在程序执行期间，有________成员驻留在内存中。

7. 用 typedef 可以定义各种________，但不能用来定义变量。

8. 共用体变量的地址和它的各成员的地址是________。

9. 设有以下结构体类型说明和变量定义，则变量 a 在内存中所占的字节数是________(设

int 型变量所占字节数为 4)。

```
struc tstud
{
  char num[6];
  int s[4];
  double ave;
}a;
```

10. 在 C 语言中，________类型变量的所有成员以覆盖方式共享存储单元。

11. 在下面的枚举类型中，Blue 的值是________。

```
enum COLOR
{ White,Black=100,Red,Blue,Green=300 };
```

12. 若有结构体说明：

```
struct STRU
{
  int a,b;
  char c;
  double d;
  struct STRU p1,p2;
};
```

则定义数组 t 的每个元素为该结构体类型的语句为________ t[20];。

三、写出下列程序的运行结果

1.

```
#include <stdio.h>
struct HAR
{
  int x,y;
}h[2];
void main()
{
  h[0].x=1;  h[0].y=2;
  h[1].x=3;  h[1].y=4;
  printf("%d%d\n",h[0].x,h[1].y);
}
```

2.

```
#include <stdio.h>
struct ks
{
  int a;
  int *b;
```

```
}s[4], * p;
void main()
{
  int i,n=1;
  for(i=0;i<4;i++)
  {
    s[i].a=n;
    s[i].b=&s[i].a;
    n=n+2;
  }
  p=&s[0];
  p++;
  i=p->a;
  n=(++p)->a;
  printf("%d,%d\n",n ,i);
}
```

3.

```
#include <stdio.h>
struct st
{
  int x;
  int * y;
} * p;
int dt[4]={10,20,30,40};
struct st aa[4]={50,&dt[0],60,&dt[0],60,&dt[0],60,&dt[0]};
void main()
{
  p=aa;
  printf("%d\n",++(p->x));
}
```

4.

```
#include <stdio.h>
union pw
{
  int i;
  char ch[2];
}a;
void main()
{
  a.ch[0]=13;
```

```
  a.ch[1]=0;
  printf("%d\n",a.i);
}
```

注意：ch[0]在低字节，ch[1]在高字节。

5.

```
#include <stdio.h>
union eg1
{
  int c;
  int d;
  struct{ int a,b;} out;
}e;
void main()
{
  e.c=1;
  e.d=2;
  e.out.a=e.c * e.d;
  e.out.b=e.c+e.d;
  printf("%d,%d\n",e.out.a,e.out.b);
}
```

6.

```
#include <stdio.h>
union myun
{
  struct
  {
    int x,y,z;
  }u;
  int k;
}a;
void main()
{
  a.u.x=4;a.u.y=5;a.u.z=6;
  a.k=0;
  printf("%d\n",a.u.x);
}
```

7.

```
#include <stdio.h>
```

```
union
{
  int k;
  char i[2];
} * s,a;
void main()
{
  s=&a;
  s->i[0]=0x39;s->i[1]=0x38;
  printf("%x\n",s->k);
}
```

8.

```
#include <stdio.h>
void main()
{
  union
  {
    int n;
    char c;
  }u1;
  u1.c='A';
  printf("%c\n",u1.n);
}
```

9.

```
#include <stdio.h>
void main()
{
  enum em{em1=3,em2=1,em3};
  char * aa[]={"AA","BB","CC","DD"};
  printf("%s%s%s\n",aa[em1],aa[em2],aa[em3]);
}
```

10.

```
#include <stdio.h>
typedef union student
{
  char name[10];
  long sno;
  char sex;
```

```
    float score[4];
}STU;
void main()
{
    STU a[5];
    printf("%d\n",sizeof(a));
}
```

四、程序填空题

1. 结构体数组中存有 3 个人的姓名和年龄，输出 3 个人中最年长者的姓名和年龄。

```
#include <stdio.h>
struct man
{
    char name[20];
    int age;
}person[]={"li-ming",18,"wang-hua",19,"zhang-ping",20};
void main()
{
    struct man *p, *q;
    int old=0;
    p=person;
    for (;p<person+3;p++)
      if (old<p->age)
      {q=p; ________;}
      printf("%s%d", ________,old );
}
```

2. 以下程序通过定义并赋初值的方式，利用结构体变量存储了一名学生的信息。函数 show()的功能是输出这名学生的信息。

```
#include <stdio.h>
struct STU
{
    int num;
    char name[9];
    char sex;
    struct { int year,month,day;} birthday;
    float score[3];
};
void show(STU  ________)
{
```

```
    int i;
    printf("\n%d%s%c%d-%d-%d",tt.num,tt.name,tt.sex,
          tt.birthday.year,tt.birthday.month,tt.birthday.day);
    for ( i=0;i<3;i++)
        printf("%5.1f", ________);
    printf("\n");
}
void main( )
{
    STU std={1,"Zhanghua",'M',1961,10,8,76.5,78.0,82.0};
    printf("\n学生信息:");
    show(________);
}
```

3. 以下程序的功能是:建立学生链表,并对 3 名学生的成绩求和。

```
#include <stdio.h>
struct STU
{
    int score;
    STU  * next;
};
void main()
{
    STU s[3]={{90,'\0'},{85,'\0'},{95,'\0'}}, * p=s, * q;
    int sum;
    s[0].next=s+1;
    s[1].next=s+2;
    q=p->next;
    sum=p->score;
    sum+=q ________;sum+=q ________;
    printf("%d\n",sum);
}
```

4. 有 10 名学生,每名学生的数据包括学号、姓名和 3 门课程的成绩及平均分。要求:
(1)编写一个函数 indata(),用来输入 10 名学生的数据(学号、姓名、3 门课程的成绩)。
(2)编写一个函数 outdata(),用来输出 10 名学生的数据。
(3)计算每名学生的平均成绩,并按平均分由低到高排序后输出。

```
#include <stdio.h>
#define N 10
typedef struct student
```

```
{
  int no;
  char name[10];
  int score[3];
  float average;
}STUD;
void indata(STUD st[],int n)      //输入 n 名学生的数据
{
  int i;
  for (i=0;i<n;i++)
  {
    printf("学号:"); scanf("%d",________);
    printf("姓名:"); scanf("%s",st[i].name );
    printf("3 门课程的成绩,以逗号分隔:");
    scanf("%d,%d,%d",&st[i].score[0],&st[i].score[1],&st[i].score[2]);
  }
}
void outdata(STUD st[],int n)      //输出 n 名学生的数据
{
  int i;
  printf("学号    姓名    成绩    平均分\n");
  for (i=0;i<n;i++)
  { printf("%4d%8s%8d, ",st[i].no,st[i].name,st[i].score[0]);
    printf("%d,%d%10.2f\n",st[i].score[1],st[i].score[2],st[i].average);}
}
void main()
{
  STUD st[N],temp;
  int i,j;
  float s;
  printf("请输入%d 个学生的数据:\n",N);
  indata(st,N);
  for (i=0;i<N;i++)      //求每个学生的平均分
  {
    ________;
    for (j=0;j<3;j++) s=s+st[i].score[j];
    st[i].average=s/3;
  }
  for (i=0;i<N-1;i++)      //用选择法按平均分由低到高排序
```

```
        for (j=i+1;j<N;j++)
          if (st[i].average>st[j].average)
          {temp=st[i];st[i]=st[j];st[j]=temp;}
          printf("排序后的学生数据为:\n");
          ________;                //输出 10 名学生的成绩
}
```

5. 填写以下程序中的空缺。

```
#include <stdio.h>
void main()
{
  enum item
  { name,sex,age,profession };
  enum item person;
  int n,m;
  scanf("%d%d",&n,&m);
  person=(________)(n * n-m);
  if (person==age)
    printf("________\n",person);
}
```

6. 下列程序实现复数的求和运算。

```
#include <stdio.h>
struct complex
{float r,i;};
struct complex * cal(complex * x1,complex * x2)
{
  complex t,________=&t;
  p->r=(* x1).r+(* x2).r;
  p->i=(* x1).i+(* x2).i;
  return (________);
}
void main()
{
  struct complex * p,x,y;
  printf("输入复数 x 和 y:");
  scanf("%f%f%f%f",&x.r,&x.i,&y.r,&y.i);
  p=cal(________);
  printf("x+y=%.2f+%.2fi\n",p->r,p->i);
}
```

7. 创建一个链表。

```
#include <stdlib.h>
#include <stdio.h>
struct LIST
{
  int data;
  struct LIST *next;
};
void main()
{
  LIST *ptr, *head;
  int num,i;
  ptr=(LIST *)malloc(sizeof(LIST));
  head=ptr;
  printf("请输入 5 个整数,以空格分隔:\n");
  for (i=0;i<=4;i++)
  {
    scanf("%d",&num);
    ptr->data=num;
    ptr->next=(LIST *)malloc(sizeof(LIST));
    if (i==4) ________;
    else ptr=ptr->next;
  }
  ptr=________;
  while (ptr!=NULL)
  {
    printf("The value is==>%d\n",ptr->data);
    ptr=________;
  }
}
```

8. 输入 30 个自然数,建立并输出结点类型为

```
struct DATA
{ int no; DATA *next; };
```

的偶数链表和奇数链表(均要求按变量 no 从大到小排列)。

```
#include <malloc.h>
#include <stdio.h>
#define N 30
struct DATA
```

```
{
  int no;
  DATA * next;
};
DATA * insert(DATA * head,int x)   //将变量x插到指针head指向的链表中,不改变其有序性
{
  DATA * p, * q, * pnew;
  pnew=(DATA * )malloc(sizeof(DATA));
  pnew->no=x;                      //生成结点值为变量x的新结点
  p=head;
  while ( p!=NULL&&p->no>x)  //查找插入位置
  {
    ________;p=p->next;
  }
  if (p==head)  ________;          //如果在第一个结点前插入,则改变头指针head
  else   q->next=pnew;             //否则将新结点插入p结点之前或q结点之后
  pnew->next=p;
  return head;
}
void out (DATA * p )               //链表输出函数
{
  while (p->next!=NULL)
  {
    printf("%d->",p->no);
    p=p->next;
  }
  printf("%d\n",p->no);
}
void main()
{
  DATA * pp, * op, * sp;
  int i,x;
  pp=op= ________;
  printf("请输入%d个自然数:\n",N);
  for (i=0;i<N;i++)
  {
    scanf("%d",&x);
    if (x%2==0) pp=insert(pp,x);
    if (x%2!=0) op=insert(op,x);
```

```
    }
    printf("生成的偶数链表为:\n"); out(pp);
    printf("生成的奇数链表为:\n"); out(op);
}
```

五、编写程序

1. 定义一个结构体变量(包括年、月、日),计算该日在本年中是第几天?注意闰年问题。

2. 用结构体类型描述复数,计算并输出复数乘、除运算的结果,要求复数乘、除分别用两个函数描述。

3. 编写 m 只猴子选大王的程序。所有的猴子按 1,2,3,…,m 编号,围坐一圈,按 1,2,3,…,n 报数,报到 n 的猴子出列,直到圈内只剩下一只猴子时,这只猴子就是大王。要求:

(1)m,n 从键盘输入。

(2)输出猴王的号码。

4. 已有 a,b 两个链表,每个链表中的结点包括学号、成绩。要求合并两个链表,按学号升序排列。

5. 建立一个链表,每个结点包括学号、姓名、性别和年龄。输入一个年龄,如果链表中的结点包含的年龄等于此年龄,则将此结点删除。

习题 10 文　　件

一、选择题

1. 下列文件函数中,用于关闭文件的函数是(　　)。

A. fopen　　　　B. fprintf

C. fscanf　　　　D. fclose

2. 需要以写模式打开一个名为 myfile.txt 的文本文件,下列打开文件正确的选项是(　　)。

A. fopen("myfile.txt","r");　　　　B. fopen("myfile.txt","w");

C. fopen("myfile.txt","rb");　　　　D. fopen("myfile.txt","wb");

3. 二进制文件与字符文件不同的是(　　)。

A. 二进制文件中每字节数据都没有用 ASCII 码表示

B. 二进制文件包含 ASCII 码控制符

C. 二进制文件一般以字符'\0'结束

D. 二进制文件用字符'\n'表示行的结束

4. 已存在一个 aaa.txt 文件,执行 fopen("aaa.txt","r+")函数的功能是(　　)。

A. 打开 aaa.txt 文件,只能读取原有的内容

B. 打开 aaa.txt 文件,清除原有的内容

C. 打开 aaa.txt 文件,可以读取和写入新的内容

D. 打开 aaa.txt 文件,只能写入新的内容

5. 使用 fseek()函数可以实现的操作是(　　)。

A. 文件的顺序读写　　B. 文件的随机读写

C. 改变文件指针的当前位置　　D. 以上都不对

6. 若 fp 是指向某文件的指针，且已读到此文件末尾，则 feof(fp)函数的返回值是(　　)。

A. EOF　　B. NULL　　C. 0　　D. 非零值

7. fread(buf,32,3,fp)函数的功能是(　　)。

A. 从 fp 文件流中读出整数 32，并存放在 buf 中

B. 从 fp 文件流中读出整数 32 和 3，并存放在 buf 中

C. 从 fp 文件流中读出 32 个字节的字符，并存放在 buf 中

D. 从 fp 文件流中读出 3 个 32 个字节的字符，并存放在 buf 中

8. 若 fp 为文件指针，且文件已正确打开，i 为 long 型变量，则程序的输出结果是(　　)。

```
feek(fp,0,SEEK_END);
i=ftell(fp);
printf("i=%ld\n",i);
```

A. −1　　B. fp 所指文件的长度，以字节为单位

C. 0　　D. 2

9. 下列不能将文件位置指针重新移到文件开头位置的函数是(　　)。

A. rewind(fp);

B. fseek(fp,0,SEEK_SET);

C. fseek(fp,0,SEEK_END);

D. fseek(fp,−(long)ftell(fp),SEEK_CUR);

10. 下列函数中，不能用于向文件中写入数据的是(　　)。

A. ftell()　　B. fwrite()

C. fputc()　　D. fprintf()

二、填空题

1. C 语言中根据数据的组织形式，把文件分为________和________两种。

2. 使用 fopen("aaa","r+")函数打开文件，若 aaa 文件不存在，则________。

3. 使用 fopen("aaa","w+")函数打开文件，若 aaa 文件已存在，则________ aaa 原有的数据。

4. fopen()函数用于打开一个文件，在操作方式参数中，为输出而打开时应带字母________，打开二进制文件时应使用字母________。

5. feof()函数可应用于所有文件，用于判断即将读入的数据是不是________，若是，则返回−1。

6. 文件刚打开时，文件的读写位置指针在文件的________。随着对文件不断进行读写操作，文件读写位置指针不断向________移动。若需要将文件中的位置指针移回到文件的起始位置，可调用________函数。

7. 语句“FILE *fp;”定义了一个可以指向________的指针变量。

8. 在C语言中，文本文件是以________码形式存储数据的。

9. 在利用fread()函数从二进制文件中读数据时，可以用________给数组中的所有元素读入数据。

三、写出下列程序的运行结果

1.

```
#include <stdio.h>
void main()
{
  FILE *fp;
  int i,a[4]={2,4,7,9},t;
  fp=fopen("C:\\data.dat","wb");
  for (i=0;i<4;i++)
    fwrite(&a[i],sizeof(int),1,fp);
  fclose(fp);
  fp=fopen("C:\\data.dat","rb");
  fseek(fp,-2L*sizeof(int),SEEK_END);
  fread(&t,sizeof(int),1,fp);
  fclose(fp);
  printf("%d\n",t);
}
```

2.

```
#include <stdio.h>
void main()
{
  FILE *fp;
  int i,k,n,a[6]={1,2,3,4,5,6};
  fp=fopen("C:\\d2.dat","w");
  for (i=0;i<6;i++)
    fprintf(fp,"%d\n",a[i]);
  fclose(fp);
  fp=fopen("C:\\d2.dat","r");
  for (i=0;i<3;i++)
    fscanf(fp,"%d%d",&k,&n);
  fclose(fp);
  printf("%d,%d\n",k,n);
}
```

3. 假定文件 test.txt 中已写入字符串"Begin"，执行程序后，文件中的内容是什么？

```
#include <stdio.h>
void main()
{
  FILE *fp;
  fp=fopen("C:\\test.txt","w+");
  fputs("test",fp);
  fclose(fp);
}
```

4. 假定 q1.txt 文件的内容为“abcdefghmn”（不包含引号），写出程序的运行结果。

```
#include <stdio.h>
void main()
{
  FILE *fp;
  long count=0;
  fp=fopen("C:\\q1.txt","r");
  while(!feof(fp))
  {
    putchar(fgetc(fp));
    count++;
  }
  printf("count=%ld\n",count-1);
  fclose(fp);
}
```

5. 有以下程序：

```
#include <stdio.h>
void writestr(char *fn,char *str)
{
  FILE *fp;
  fp=fopen(fn,"w");
  fputs(str,fp);
  fclose(fp);
}
void main()
{
  writestr("C:\\t1.dat","start");
  writestr("C:\\t1.dat","end");
}
```

程序运行后,写出文件 t1.dat 中的内容。

6.

```
#include <stdio.h>
void main()
{
  FILE *fp;int i,k,n;
  fp=fopen("C:\\data.dat","w+");
  for (i=1;i<6;i++)
  {
    fprintf(fp,"%d",i);
    if (i%3==0)
      fprintf(fp,"\n");
  }
  rewind(fp);
  fscanf(fp,"%d%d",&k,&n);
  printf("%d%d\n",k,n);
  fclose(fp);
}
```

四、程序填空题

1. 统计文件中字符的个数。

```
#include <stdlib.h>
#include <stdio.h>
void main()
{
  FILE *fp;
  long num=0;
  if ((fp=fopen("C:\\t1.txt","r"))==NULL)
  {
    printf("Open error\n");
    exit(0);
  }
  while (________)
  { fgetc(fp); ________;}
    printf("num=%1d\n",num-1);
    fclose(fp);
}
```

2. 将从键盘输入的字符串存入文件中，字符串以"#"结束，文件名从键盘输入。

```
#include <stdlib.h>
#include <stdio.h>
void main()
{
  FILE *fp;
  char ch,fname[10]="C:\\t1.dat";
  if ((fp=________)==NULL)
  {
    printf("Cannot open\n");
    exit(0);
  }
  printf("Enter data\n");
  while((ch=getchar())!='#')
    fputc(________,fp);
  fclose(fp);
}
```

3. 从键盘输入一个字符串，把该字符串中的小写字母转换为大写字母，输出到文件 test.txt 中，然后从该文件读出字符串并显示出来。

```
#include <stdlib.h>
#include <stdio.h>
void main()
{
  FILE *fp;
  char str[100];
  int i=0;
  if ((fp=fopen("C:\\text.txt",________))==NULL)
  {
    printf("can\'t open this file.\n");
    exit(0);
  }
  printf("input a string:\n");
  gets(str);
  while (str[i])
  {
    if (str[i]>='a'&&str[i]<='z')
      str[i]= ________;
    fputc(str[i],fp);
```

```
    i++;
  }
  fclose(fp);
  fp=fopen("C:\\text.txt",________);
  fgets(str,100,fp);
  printf("%s\n",str);
  fclose(fp);
}
```

4.将5名职工的数据从键盘输入(设职工数据包括职工号、姓名、工资),然后送到磁盘文件worker.rec中保存,最后从磁盘读入这些数据,并依次显示在屏幕上[要求用fread()和fwrite()函数]。

```
#include <stdlib.h>
#include <stdio.h>
#define N 5
struct worker
{
  char cnum[5];
  char cname[8];
  int csal;
}work[N];
void main()
{
  FILE *fp;
  int i;
  fp=fopen("C:\\worker.dat","w+");
  if (________)
  {
    printf("can\'t open the file.\n");
    exit(0);
  }
  printf("Input No name salary:\n");
  for (i=0;i<N;i++)
  {
    scanf("%s",work[i].cnum);
    scanf("%s%d",work[i].cname,&work[i].csal);
    fwrite( &work[i],sizeof(struct worker), ________);
  }
  rewind(fp);
  printf("No name salary\n");
```

```
    for (i=0; ________;i++)
    {
        fread(&work[i],sizeof(struct worker),1,fp);
        printf("%-8s%-8s%-8d\n",work[i].cnum,work[i].cname,work[i].csal);
    }
    fclose(fp);
}
```

5.将一个文本文件的内容连接到另一个文本文件的末尾。例如,使用命令行参数形式 fcopyt. txts. txt,程序以“r”方式打开文件 t. txt,以“a+”方式打开文件 s. txt,将文件 t. txt 的内容添加到文件 s. txt 的末尾。

```
#include <stdlib.h>
#include <stdio.h>
int main(int argc,char *argv[])
{
    FILE *in, *out;
    char ch;
    if (________)
        printf("Two file names required\n");
    in=fopen(________,"r");
    if (in==NULL)
    {
        printf("can\'t open the file1\n");
        exit(0);
    }
    out=fopen(argv[2],"a+");
    if (out==NULL)
    {
        printf("can\'t open the file2.\n");
        exit(0);
    }
    while(________)
    {
        ch=fgetc(in);
        fputc(ch,out);
    }
    fputc('\x1a',out);
    printf("one file copied\n");
    fclose(in);
    fclose(out);
```

```
    return 0;
}
```

6. 从键盘读入10个整数，并将这些数以二进制方式写到一个名为bi.dat的新文件中。

```
#include <stdlib.h>
#include <stdio.h>
void main()
{
    FILE *fp;
    int i,j;
    if((fp=fopen("________","wb"))==NULL)
        exit(0);
    for(i=0;i<10;i++)
    {
        scanf("%d",&j);
        fwrite(&j,sizeof(int),1,________);
    }
    fclose(fp);
}
```

五、编写程序

1. 有两个磁盘文件"A"和"B"，它们各存放一行字母，现要求把这两个文件中的信息合并(按字母顺序排列)输出到一个新文件"C"中。

2. 从键盘输入若干行字符(每行长度不等)，把它们存储到一个磁盘文件中，再从该文件中读入这些数据，将其中的小写字母转换成大写字母后在显示屏上输出。

3. 建立一个班级的人员情况表，其数据项应包括证件号码、姓名、百分制记分的3门课程(离散数学、数据结构、程序设计语言)的成绩，计算该班5名学生各门课程的平均分，并将原有数据和计算出的平均分存放在文件stud中。

4. 将题3中stud文件中的学生数据，按平均分排序，将已排序的学生数据存入stu_sort文件。

5. 对题4已排序好的学生成绩文件stu_sort进行插入操作。插入一名学生的3门课程成绩，先计算新插入学生的平均分，然后将它按平均分从高到低顺序插入，插入后建立一个新文件。

6. 文件a.t与文件b.t各有若干个按递增次序排列的实数，将两个文件上的数统一排序并写到新文件c.t上。

习题11 综合应用程序设计

1. 编写程序，建立一个较为完整的学生成绩管理系统。系统功能包括对学生信息(学号、语文成绩、数学成绩、英语成绩、平均分)进行管理，建立数据库文件的数据结构，输入学生成绩数据，并以文件方式存盘；对已建立的文件进行修改，包括学生成绩信息的输入、输出、排序、查找、插入、删除、统计、保存、退出；对学生的成绩信息进行记录，成绩信息包含以下内容。

(1)学生的学号。

(2)学生的姓名。

(3)学生的成绩。

2. 编写程序，实现贪吃蛇小游戏。游戏操作及游戏规则如下。

(1)游戏开始后，通过键盘上的方向键控制贪吃蛇移动来寻找食物。

(2)贪吃蛇每吃一次食物，身长就增长一个单位。

(3)如果贪吃蛇碰到墙面或咬到自己，则游戏失败。

第3部分

习题解答

本部分是第2部分"习题"的参考答案,可扫描下面的二维码获得。

习题解答

参 考 文 献

[1] 杨路明. C 语言程序设计教程:修订版[M]. 3 版. 北京:北京邮电大学出版社,2019.
[2] 刘卫国. C 语言程序设计[M]. 北京:中国铁道出版社,2008.
[3] 李丽娟. C 语言程序设计教程[M]. 4 版. 北京:人民邮电出版社,2013.